Andreza A[...]

CULTURA DE SEGURIDAD

De la Teoría a la Práctica

2ª edición

San Pablo – 2022

© Copyright - Andreza Araújo, 2022

Coordinación general
Andreza Araújo

Proyecto Editorial y Tapa
Reginaldo Saw

Traducción
Sheila Dystyler Ladeira - Empresa Infoguelt

Araújo, Andreza Moleiro
Cultura de seguridad : de la teoría a la prática /
Andreza Araújo ; tradução Sheila Dystyler Ladeira. - 2. ed.
280 p.
Santana de Parnaíba, SP : Ed. da Autora, 2022.
ISBN 978-65-00-45553-3

1. Cultura de segurança 2. Empresas - Medidas de segurança - Planejamento 3. Mudança organizacional 4. Segurança no trabalho I. Título.

22-111675   CDD-620.8

Índices para catálogo sistemático:

1. Cultura de segurança: Engenharia 620.8

Eliete Marques da Silva - Bibliotecaria - CRB-8/9380

Sumario

Apéndice

Para mi pequeño hijo Tito, un extraordinario regalo que recibí, que continuemos creciendo juntos; y que, juntos, podamos continuar creciendo.

Agradecimientos

Un escritor que admiro dijo cierta vez que escribir un libro y atravesar un desierto son cosas muy parecidas. Al final, grandes extensiones de tierra seca y plana son ocasionalmente marcadas por pozos de inspiración. Este es un pequeño agradecimiento a los queridos amigos que hicieron que esta jornada fuese tan agradable. Gracias por no reclamar mientras estábamos en la arena y por celebrar cuando estábamos en el oasis.

A mi periodista aliada, Ana Paula Alfano. Tú haces más que organizar y editar aquello que escribo. Preservaste genuino mi mensaje.

A mi equipo, por sus contribuciones y la sugerencia de ideas.

A mi querido esposo. Nadie puede hacer lo que tú haces del modo como lo haces. Somos tus deudores.

Helena y Tito. ¿Qué madre merece hijos tan maravillosos? (cuenten conmigo siempre que quieran).

A mis padres, Devanir y Eunice, por su amistad para toda la vida.

Y una oración al donador de todas las palabras, gracias al Eterno, mi Maestro y amigo personal, Jesús Cristo, por la jornada y por el llamado a hacer siempre la diferencia, practicando el cuidado con un mensaje fuerte y auténtico.

Y a ti, lector, mi saludo final. Para algunos de ustedes, este libro marca nuestro quinto encuentro (¡felicidades!). Para otros, este es el primero (¡mucho gusto en conocerlos!). Para la mayoría, estamos en algún lugar entre los dos extremos (¡qué bueno verte de nuevo!).

Estás por darme uno de tus bienes más preciosos: tu tiempo. Voy a hacer de todo para ser una buena mayordoma. No obstante escribir un libro pueda parecerse a una jornada en el desierto, el acto de leerlo no debe serlo. Debe ser una pausa para descansar en un oasis. Espero que así sea con las páginas que siguen.

Introducción

El cuidado es contagioso.

Andreza Araújo

Cuando se habla en accidente de trabajo en Brasil, las empresas raramente resaltan los números. De hecho, ellos tienen su importancia. En Brasil, cada 48 segundos acontece un accidente de trabajo. Eso significa que, en una única jornada de 8 horas, 600 trabajadores no regresan a casa y a sus familias en el horario esperado. Tornando las estadísticas aún más duras, cada 3 horas y 38 minutos hay un accidente de trabajo fatal. Con estos datos, Brasil ocupa actualmente el 4º lugar en el ranking Mundial de Accidentes (1). Y los datos de américa latina son todavía más alarmantes - un funcionario sufre alguna ocurrencia cada 15 segundos.

Al pensar en esta enorme cantidad de personas impactadas, en sus familias y en la falta de cultura de seguridad dentro de las empresas, me preocupo mucho. Brasil tiene un ejército de jubilados por invalidez, cerca de 3.470.0001, fuera los casos de muerte.

Es importante subrayar que estos datos se refieren a los trabajadores que poseen registro de trabajo.

Pero, aunque los números digan algo al respecto de seguridad, es fundamental que veamos más allá de ellos. Los números son simples indicadores, no son capaces de explicar los motivos que existen por detrás de cada accidente. Es preciso entender la raíz que lleva al suceso causal. ¿Por qué, ante los peligros y riesgos dentro del ambiente de trabajo, los funcionarios no escogen o no ven la seguridad como la alternativa más importante? ¿Qué los hace desviarse de la acción correcta y segura?

Yo suelo decir que un accidente de trabajo es un libro que no leemos. Sabemos que no es un evento sorpresa, nunca ocurre sin avisos. Antes de concretarse con daños o heridas más serios, hay varias alertas – y esto está comprobado por diversos modelos de Pirámides de Desvíos (o de seguridad) conocidas y hace décadas utilizadas en el área de prevención de accidentes. La más famosa de ellas es la Pirámide de Bird, desarrollada en los años 1970 por el ingeniero estadounidense Frank Bird y sobre la cual trataremos más adelante en este libro, resultado de un análisis de cerca de 1,7 millones de accidentes reportados en 297 empresas distintas. Según Bird, para cada daño físico serio o fatal hay 10 daños físicos leves, 30 daños materiales y 600 casi accidentes. Y, por lo tanto, una cantidad absurda de alertas que acaba siendo ignorada en el día a día, tanto por los trabajadores como por sus líderes, ciertamente por la ausencia de la cultura de seguridad dentro de la empresa. Las ocurrencias son, entonces, eventos de múltiples faces.

El brasileño es un pueblo conocido por "conseguir arreglárselas", por improvisar soluciones. Muchas veces existen leyes y reglas, pero con cierto permiso para ser quebradas. Y no pretendo aquí imponer cualquier juicio de valor a esto, principalmente porque, antropológicamente, una de las raíces es la emoción, ¡sí, nuestro corazón! El brasileño actúa muchas veces movido por la emoción en lugar de la razón, y desarrolló una especie de propensión histórica a la informalidad. En el día a día, y también dentro del ambiente de trabajo, es común, por ejemplo, infringir o meramente ignorar las reglas en favor de las amistades. Estar dispuesto a ayudar a los amigos es algo noble, pero no cuando eso significa la ruptura de reglas y aumenta considerablemente el riesgo de accidentes.

Otra razón es que, según estudios realizados en las últimas décadas, que profundizaron nuestra comprensión de cómo nuestro cerebro funciona y de cómo las personas toman decisiones, nosotros seres humanos, no somos tomadores de decisiones perfectamente racionales. Nuestro sistema de pensamiento está dividido en dos partes, una de ellas lógica y la otra intuitiva. La lógica demanda más energía y tiempo. La intuitiva viene más rápidamente. A lo largo de un único día, según esos estudios, tomamos muchas más decisiones intuitivas que lógicas. Seguimos, por lo tanto, un comportamiento aparentemente irracional en la gestión de riesgos. Los psicólogos israelís Daniel Kahneman y Amos Tversky, dos de los pensadores económicos más influyentes de la historia moderna, son los padres de estas teorías comportamentales, que indican cuánto la toma de decisión humana está sujeta a errores.

Pero, lo que suena como algo malo, puede ser, en verdad, una ventaja. Porque, si de antemano sabemos que hay chances de errar en los momentos de decisión, somos también capaces de anticipar y hasta incluso de cuantificar las fallas en nuestros procesos de pensamiento [*]. Esta teoría de Kahneman y Tversky ya fue ampliamente aplicada, con éxito, en la economía, en el medio jurídico, en marketing y en políticas públicas, pero solo ahora comenzamos a entender cómo impacta y puede ser utilizada también en seguridad.

Si la seguridad es el resultado de tomas de decisión, identificar y considerar conscientemente los factores de riesgo, antes de precisar actuar (intuitivamente), disminuye considerablemente las chances de que algo salga errado. Por eso es tan importante transformar las reglas de seguridad en cultura de seguridad. Los procedimientos deben reflejar la forma correcta de realizar cada actividad, y el comportamiento seguro debe convertirse en hábito. Las decisiones no pueden ser tomadas "en el calor del momento", porque las chances de que no sean correctas son gigantescas. Así es fácil entender que los números de accidentes asustadores que tenemos hoy muestran nuestra falta de aprendizaje estructurado de seguridad. No aprendemos sobre seguridad en la escuela. ¿Dónde se aprende sobre seguridad? Lo hacemos dentro de las empresas que están colocando la seguridad como su primer valor.

Muchas compañías y metodologías ya ven la transformación cultural como el principal camino para fortalecer hábitos seguros. Sabemos que la cultura se fortalece por medio de símbolos, rituales, héroes y comunicación. Tenemos muchas herramientas para explorar y estimular. No me gusta colocar en ellas un orden de prioridad, prefiero pensar en un modelo que sea una especie de sistema solar de la seguridad en el que cada herramienta contribuya de una manera singular, para alcanzar una cultura sustentable e interdependiente.

Este libro tiene como propósito explorar este sistema solar, con cada planeta siendo una importante herramienta. A partir de los modelos tradicionales H&M e DuPont (Curva de Bradley), vamos a proponer un modelo híbrido y funcional. Para la construcción de este modelo, iniciamos la jornada con Frank Bird y su pirámide, la que contribuyó afirmando que ningún accidente nace catastrófico. En realidad, cada accidente es un libro compuesto por diversos capítulos y el último de ellos es el casi accidente, según Frank. Años tras la publicación de Bird, una nueva estadística fue acrecentada a la base de su pirámide – la de que, para cada accidente serio o fatal, hay cerca de 30.000 desvíos comportamentales o actos inseguros cometidos. Este número, resultado de un extenso estudio de la consultoría DuPont realizado en los años 1990, mostraba que los gastos indirectos con seguridad dentro de las organizaciones acababan siendo cinco veces mayores que los costos directos, una información que no puede, ni debe, ser ignorada.

En las páginas siguientes, basada en mi experiencia en estudios y proyectos realizados en más de 30 empresas en los últimos 17 años, entrenando a más de 15 mil líderes en 25 países, presentaré otros niveles que considero fundamentales cuando evaluamos las causas de un accidente serio o fatal y su relación con la construcción de una cultura de seguridad sólida y perenne. Son ellos: gatillos comportamentales, creencias, valores, cultura y el papel del líder inmediato.

Iniciamos por los gatillos comportamentales que explican los desvíos de comportamiento y dicen al respecto de los pensamientos, sentimientos y emociones de nuestros colaboradores. São convencionalmente categorizados en cuatro diferentes grupos – los sociales, cognitivos, psicológicos y fisiológicos. Todos los pasos que damos están influidos por uno o más de estos factores, como veremos a lo largo de este libro. Son estos gatillos los que precisan ser abordados y tratados para conseguir la materialización del cuidado, la ruptura de antiguos y arraigados paradigmas sobre seguridad que los trabajadores – y casi siempre sus líderes también – aún cargan en sus ambientes de trabajo.

Es preciso desarrollar una percepción aguzada de que la seguridad, sobre todo, trata de personas. Y, si nosotros, humanos, tenemos al cuidado como un instinto básico, cuando este instinto es genuinamente accionado y estimulado, somos capaces de crear una corriente de cuidado en toda la organización.

Es necesario entender que el impacto que os gatillos comportamentales tendrán, dependen de las verdades profundamente enraizadas que denominamos creencias. Lo que creemos define la forma cómo vamos a responder a los gatillos comportamentales. Por ejemplo: cuando vengo a trabajar dejando a mi madre en la UTI, ¿consigo tener la consciencia de que las preocupaciones y las emociones pueden provocarme distracciones? ¿Será que tenemos creencias limitantes o creencias fortalecedoras sobre seguridad para enfrentar una situación como esta?

Las creencias reflejan nuestros valores, o sea, aquello que no negociamos y no aceptamos vivir sin y/o perder. En abril de 2019, hice un experimento con todas las formaciones de líderes que ejecuté aquel mes. En determinado momento del Workshop yo les pedía a los participantes que tomasen un pedazo de papel y escribiesen el nombre de seis personas, animales de estimación, y atributos, por ejemplo, carácter, dignidad, salud, fe, integridad física etc. Nombres de personas y cosas sin las cuales no aceptaban vivir, o sea, los innegociables de sus vidas. Después de que todos terminaban de escribir yo preguntaba: ¿Quién escribió su nombre en la lista?

La respuesta absoluta era: nadie. ¿Te das cuenta de la inversión de valores? Dijimos que la seguridad y el cuidado, debe comenzar en nosotros, sin embargo, en la práctica esta preocupación y actitud no se refleja, cuidar de uno mismo todavía no está en la escala de valores de las cosas importantes.

¿Consigues percibir la importancia de esto? Las creencias y valores componen nuestra cultura y van a reflejarse en comportamientos y hábitos que se pueden ver en nuestras elecciones y actitudes.

Con un abordaje simple e innovador, pretendo presentar y discutir estos temas y de qué forma la humanización de la seguridad viene trayendo al individuo como protagonista, y puede ser trabajada de manera transversal, yendo más allá de los modelos tradicionales.

El sueño es que la seguridad que pregonamos y practicamos dentro de las corporaciones tenga energía suficiente para llegar a la mesa de nuestros funcionarios, de impactar a sus familias. Debe ir mucho más allá de reglas colgadas en la pared. La Seguridad precisa ser rebautizada como Cuidado y el Cuidado precisa ser practicado en 3 niveles distintos: primero preciso cuidarme a mí mismo; después extiendo el cuidado para el prójimo; y por último también me permito recibir el cuidado de alguien.

¡Que podamos ser los catalizadores de una cultura de seguridad fuerte y perenne, transformando la vida de nuestros funcionarios con el hábito chamado "Cuidado"!

Brasil: escenario y contexto

Hablar sobre accidentes de trabajo es hablar de gente. Por lo tanto, es imprescindible mirar profundamente el escenario en el que nuestros colaboradores están insertados, en la búsqueda de un entendimiento de las causas raíz de esos episodios. Son muchos los problemas que actualmente afligen al país, la economía, las familias, y que pueden interferir en el rendimiento y en la atención en el ambiente de trabajo. Imagínate la concentración de un padre que deja en casa a un hijo drogadicto. O la presión de un (a) trabajador (a) que tiene la (el) compañera (o) desempleada (o) y que el sustento de la casa depende exclusivamente de su salario. Son muchos los factores que pueden influir y llevar a un accidente. Veremos adelante los números referentes a algunos de ellos.

Depresión

Es la principal causa de problemas de salud e incapacidad en todo el mundo, alcanza a más de 300 millones de personas. Según datos de la OMS (Organización Mundial de Salud, 2015), somos el país de América Latina con mayor prevalencia del trastorno – acomete a cerca de 11 millones de brasileños – un número equivalente a la población total de Grecia o de Cuba. Además, el país es recordista mundial en prevalencia de trastorno de ansiedad (el 9,3% de la población, cerca de 18 millones de personas, o una de cada 11).

Tristeza, falta de energía, pérdida de interés, reducción del sueño, pérdida de concentración, inquietud, indecisión y hasta riesgo de suicidio, todos estos posibles síntomas de una depresión afectan la rutina del trabajador. Además, es preciso considerar que, con estos altos índices de depresión en el país, hay chances de que sea alguien cercano y si no se enfrenta el trastorno, también puede interferir en el trabajo.

Depresión ocupacional

Más específicamente es una depresión causada por el propio trabajo, ella también acostumbra a afectar bastante la toma de decisiones. Estar constantemente frustrado, estresado, no tener descanso suficiente o condiciones adecuadas de trabajo y sentir que no es valorado o reconocido, puede desencadenar los síntomas depresivos. La salud mental del trabajador es un factor determinante para su seguridad y la del resto del equipo. Por lo tanto, para prevenir trastornos mentales y de comportamiento relacionados al trabajo es preciso desarrollar una agenda de bienestar.

Enfermedades graves y muertes

Imagínate tener que ir a trabajar y operar una máquina después de recibir el diagnóstico de una enfermedad grave – tuya o de un pariente próximo –, o tras la muerte de alguien querido. No da para esperar de un trabajador la misma concentración y poder de decisión. En 2015, Brasil registró cerca de 210 mil muertes por cáncer y 350 mil relacionadas con enfermedades cardiovasculares. Si comparamos con los datos de 1998 – casi 20 años atrás –, es un aumento del 90% en la mortalidad por neoplasias y del 36% en la mortalidad por enfermedades cardiovasculares.

Dependencia química

Según datos de un estudio del Ministerio de la Salud (de 2016), el 19,1% de la población brasileña consume abusivamente bebidas alcohólicas (el 27,3% hombres y el 12,1% mujeres). En un período de diez años (de 2007 a 2017), el consumo de alcohol en el país aumentó el 43,7%. El alcohol es la droga lícita más consumida en Brasil, pero es necesario considerar también los problemas que muchas familias brasileñas enfrentan con las ilícitas. Datos del IBGE apuntan que el uso de drogas ilícitas no país – cocaína, crack, opioides – saltó del 0,8% para el 7,3% en la última década. Entre adolescentes do sexo femenino de 13 a 17 años, el índice de usuarios fue del 6,9% para el 9,2% en ese período. ¿Te imaginas tener que ir a trabajar después de haber internado a una hija o a un hijo por dependencia química?

Desempleo

Datos de la "Pesquisa Nacional por Muestra de Domicilios (Pnad) continua", del IBGE, apuntan para una tasa de desempleo en Brasil del 13,1% en el primer trimestre de 2018. Eso representa cerca de 13,7 millones de desempleados, un poco menos que la población total de Bahía, el cuarto estado más populoso del país.

Violencia familiar

Intenta colocarte en el lugar de alguien que salió de casa para trabajar después de haber sido agredida por el compañero. O que precisó encarar el turno sabiendo que su propia hija pasa por este tipo de situación. Los hombres también están sujetos a esta categoría de crimen, pero las mujeres aún son la gran mayoría de las víctimas. En Brasil, en 2017, cerca de 193 mil mujeres registraron queja por violencia doméstica, según datos del Fórum Brasileño de Seguridad Pública. Un promedio de 530 mujeres acciona la ley María de la Peña por día, o sea, 22 por hora.

Eso sin contar la cantidad de estupros registrados. Brasil tiene cerca de 135 nuevos casos de estupro por día, lo que representa 50 mil relatos anuales, según el Atlas de la Violencia (2018). Considerando que la gran mayoría de las víctimas no denuncia este tipo de crimen casi siempre por miedo o vergüenza, – la tasa de no notificación es tan alta que solo entre el 7,5% y el 10% son comunicados a la policía – el total puede llegar a 500 mil estupros por año.

Datos del Observatorio Digital de Salud y Seguridad del Trabajo (del Ministerio Público del Trabajo), referentes al período de 2012 a 2017, en Brasil:

Gastos del Bienestar Social con Beneficios Accidentarios:

R$ 75.523.000

4.403.906 accidentes estimados desde 2012 hasta hoy.

1 accidente estimado cada 48 segundos

16.373 muertes estimadas en accidentes.

1 muerte en accidente estimada cada 3h 38m 43s.

Lo que Sabemos sobre Cultura de Seguridad

Un hombre despertado por el significado de la seguridad va a despertar a un segundo hombre, que irá en busca de un tercero. Tres hombres despiertos pueden transformar el valor de seguridad de una fábrica entera.

Andreza Araújo

La noche del 26 de abril de 1986 era para ser la de una prueba de rutina en el Reactor 4 de uno de los edificios de la usina nuclear de Chernóbil, a 130 quilómetros al norte de Kiev, en Ucrania, en la entonces Unión Soviética. Los ingenieros querían saber por cuánto tiempo seguiría suministrando energía, tras diversas caídas de electricidad. La tal prueba ya había sido realizada un año antes. Pero esta vez, para medir el tiempo con precisión, necesitaron desactivar el mecanismo de apagado automático del reactor. Lo que se vio a seguir fue hasta hoy, más de 30 años después, el mayor accidente nuclear de la historia mundial. Una explosión y una serie de incendios liberaron combustible y material radioactivo en la atmósfera. Dos trabajadores murieron en el momento de la primera explosión, otros 28, incluyendo bomberos, en las semanas siguientes, por envenenamiento. Enseguida en los primeros meses, centenares de personas fueron diagnosticadas con contaminación por yodo radioactivo. El gobierno soviético precisó transferir para muy lejos del área más afectada a 120 mil personas en las primeras horas, y otras 240 mil en los años siguientes. Aún así, fueron centenares de registros de cáncer de tiroides.

A pesar de la catástrofe de proporciones inimaginables, un informe emitido en 1991 que analizó todas las acciones de los ingenieros involucrados en el episodio concluyó que, aunque esas acciones lo hayan hecho inestable al reactor y dado como cierta la explosión, ellos no habían violado ninguna política de operación o principio de seguridad. Simplemente porque no existían políticas o principios vigentes. E, incluso si existieran pegados contra la pared, se sabe que no habrían evitado lo ocurrido. Eso porque las causas de las explosiones en Chernóbil no fueron solo técnicas. Fueron también, y principalmente, culturales. Y, hasta aquella fatídica noche, casi nada era discutido, en todo el mundo, sobre cultura de seguridad.

La usina de Chernóbil fue construida por el gobierno soviético para producir una bomba atómica, independientemente de los posibles costos, incluyendo los de vidas humanas. Buena parte de los operarios venía de los Gulag, campos de trabajo forzado a los que eran sometidos criminales, presos políticos y cualquier ciudadano que estuviese en contra del régimen comunista. Aquellos que participaban de la construcción de los sectores más sigilosos de la usina eran aislados después para o resto de sus vidas, según describió más tarde el físico y Premio Nobel de la Paz, Andrei Sakharov en su biografía. Es posible imaginar cómo era trabajar en un lugar como aquel, sabiendo lo que el futuro les reservaba. Aún si las tales reglas de seguridad existieran y fuesen difundidas, serían la última cosa con que un trabajador se preocuparía.

El accidente de Chernobyl y sus desdoblamientos mundiales llevaron, en los años siguientes, a la International Atomic Energy Agency (IAEA) a crear el concepto de CULTURA DE SEGURIDAD – una cultura que influye en la estructura y el estilo de la organización, bien como en sus actitudes, abordajes y en el comprometimiento individual de colaboradores de diferentes niveles.

Pero, antes de hablar sobre seguridad específicamente, pensemos en el concepto más amplio de cultura. En el diccionario Houaiss, cultura está definida como un "conjunto de patrones de comportamiento, creencias, conocimientos, costumbres etc. que distinguen a un grupo social; forma o etapa evolutiva de las tradiciones y valores intelectuales, morales, espirituales".

Es para el grupo lo que la memoria es para los individuos, incluyendo tradiciones que funcionaron en el pasado y suposiciones de cómo el mundo y las personas son, piensan y deberían actuar.

En las organizaciones, la cultura es igualmente un conjunto de patrones de comportamiento, generalmente implícitos y compartidos por todos, formados a partir de sus valores y creencias. Es el resultado de la interacción entre las personas de la empresa dentro de aquel mismo ambiente, y el propio ambiente acaba siendo también, un resultado de esta interacción. Un ejemplo muy difundido es el de que las estrategias de una corporación representan los ladrillos, pero el cemento que mantiene las paredes sólidas y de pie es la cultura de la empresa. Por lo tanto, cuanto más frágil, mayor el riesgo de que la pared se desmorone.

Para mí, una cultura de seguridad fuerte es aquella en la que cada individuo ve la seguridad como un valor innegociable, y no solo como prioridad, obligación o meta a cumplir. Por lo tanto, todos son responsables de ella, en cada nivel jerárquico dentro de la corporación. La clave está en convertir el hábito de la práctica del cuidado en una cuestión tanto individual como institucional, las dos cosas al mismo tiempo.

Más específico: el libro Elementos del Sistema de Gestión de SMSQRS - Teoría de la Vulnerabilidad lista conceptos de cultura de seguridad de diferentes autores e instituciones:

Agencia Internacional de Energía Atómica (IAEA, 1991): "Conjunto de prácticas y actitudes establecidas dentro de las organizaciones y a los individuos, priorizando la atención e importancia de los aspectos de seguridad de una instalación nuclear";

Uttal (1983): "Valores y creencia compartidas que interactúan con la estructura de la organización y los sistemas de control afectando el patrón de comportamiento";

Turner, Pidgeon, Blockley & Toft (1989): "establecimiento de creencias, normas, actitudes, reglas y prácticas sociotécnicas preocupadas por minimizar la exposición de los trabajadores, gerentes, clientes y de la comunidad, a las situaciones potenciales de riesgo que puedan resultar con lesión";

Comité de Seguridad de las Instalaciones Nucleares de Gran Bretaña (1993): "resultados de los valores, actitudes, formación y requisitos de comportamiento individuales y colectivos, que posibilitan sellar el compromiso con la forma y la búsqueda de eficacia de los programas de SMS de las organizaciones".

Confederación de las Industrias Británicas (CBI, 1991): "ideas y creencias que todos los miembros de la organización deben compartir sobre los riesgos, accidentes y daños a la salud";

Carnino (1989), Lee (1993) y Lucas (1990): "Las organizaciones con foco en una cultura de seguridad proactiva se caracterizan por un sistema de comunicación basado en la confianza mutua, intercambio de percepciones internas sobre la importancia de los valores de seguridad y por la confianza en la eficacia de las medidas preventivas adoptadas".

Energy Institute: la cultura de seguridad está formada por las creencias y valores fundamentales de un grupo con relación a los riesgos y a la seguridad. Informalmente es el "cómo se hacen las cosas por aquí". Y, para ellos cuando es fuerte todos:

- ven la seguridad como un valor;

- están alertas para esperar inclusive lo inesperado;

- entienden totalmente lo que deben hacer en nombre de la salud y seguridad;

- están abiertos a nuevas ideas que mejoren la salud y la seguridad; y

- desean hacer la diferencia y creen que sus comportamientos hacen diferencia para os demás.

Como se puede ver, los conceptos tienen pequeñas variantes. Y son unánimes al citar valores, creencias y comportamiento como eje de la cultura de seguridad. Para mí, la cultura de seguridad es un conjunto de valores y creencias traducidos por comportamientos que se vuelven hábitos y son percibidos por medio de rituales, símbolos, héroes y comunicación. En la práctica, no se trata de una acción independiente que parte de los presupuestos del CNPJ (Registro nacional de Personas Jurídicas), parte del CPF (Registro de Persona Física), es personal, individual y cuando contagia al colectivo puede mover al CNPJ.

¿Y dónde la cultura organizacional y la cultura de seguridad se encuentran? Aspectos de la cultura organizacional tienen impacto en las actitudes, comportamientos, creencias y percepciones de todo el equipo, inclusive en aquellos relacionados con aumento o disminución del riesgo de accidentes, en la salud en general y en la seguridad (Guldenmund, 2000). Todas las organizaciones desarrollan sus propias culturas, pues los líderes comparten valores y actitudes semejantes. Y esos valores y actitudes también orientan la forma de cómo los miembros lidian con seguridad y prevención, reforzándolas, así, positiva o negativamente dentro de la organización. En resumen, la manera como la seguridad es percibida, valorada y priorizada, refleja la fuerza de la cultura de seguridad de una empresa, y se convierte en parte de su cultura organizacional.

La Cultura de Seguridad es una parte integrante de todos los tipos de cultura:

Cultura informativa: es aquella que valoriza los reportes, basada en los elementos del sistema de gestión de seguridad.

Cultura flexible: es aquella adaptable al enfrentamiento de los riesgos y peligros.

Cultura de aprendizaje y anticipación: es aquella que estimula la voluntad de aprender las lecciones correctas y de implementar soluciones, buscando dónde están los riesgos y entendiendo cómo se manifiestan, para realizar una dirección sistémica de las acciones preventivas.

Cultura de compromiso y colaboración: es aquella que encoraja la participación de la fuerza de trabajo y en la cual las personas soportan y cuidan unas a las otras.

Cultura justa: es aquella que deja muy claro cuáles son los comportamientos aceptables y los no aceptables, y que posee gestión de consecuencia para tratar del incumplimiento de las reglas.

El funcionamiento de la cultura de seguridad

La cultura es siempre un reflejo de las creencias y de los valores de las personas, algo que se hace visible a partir de sus elecciones y comportamiento. Comparemos la manera de cómo eso funciona con una cebolla, con sus muchas capas, de la más interna hacia la más externa.

En el centro de la cebolla están nuestras creencias y valores. A partir de nuestras creencias y valores surgen tres capas desde las cuales es posible ver la presencia y el funcionamiento de la Cultura. La primera capa está compuesta por los rituales, la segunda por los símbolos, la tercera por los héroes de la organización. De manera transversal a estas capas, están las prácticas de comunicación que permean todas las otras. La figura a continuación idealiza el modelo que a seguir será mejor explicado.

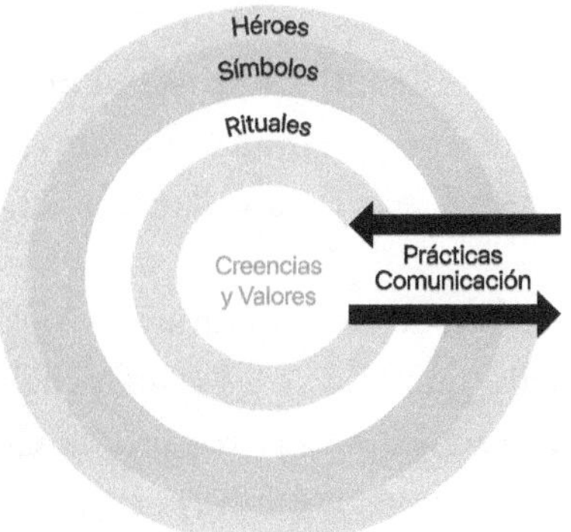

Figura 1:   Modelo cebolla de entendimiento de la cultura.

La primera capa que también es la más interna está formada por rituales, aquellos eventos con rito propio y periodicidad definida y que refuerzan comportamientos y prácticas seguras. Como ejemplo podemos citar los rituales de DDS, reuniones de comités, el proceso de CIPA, las inspecciones, lista para chequeo y Permisos de Trabajo. Para que este ejemplo sea aún más claro, vamos a pensar en este mismo modelo en capas aplicado a la religión cristiana. La figura 2 compara la religión cristiana con la seguridad. Cuando hacemos el paralelo con la cultura cristiana tenemos en el centro la fe y como ritual principal podemos citar los cultos religiosos.

La segunda capa presenta los símbolos que refuerzan el compromiso y la presencia de la seguridad, por medio de artefactos visibles, entre ellos EPP's, placas de señalización y aislamiento, cuadros con KPI's y otros comunicados. Una vez más, cuando hacemos la comparación podemos obtener la Biblia, el crucifijo e imágenes de santos.

La tercera capa se refiere a los héroes, que también pueden ser llamados de líderes, máxima autoridad, comité ejecutivo, aquellos que muestran la dirección a seguir con seguridad. Son los ejemplos de estos héroes los que acaban transformándose en las reglas de conducta, cada organización tiene los suyos. En la religión tenemos a Jesús como el héroe central de la cultura cristiana

Por último, existe una capa dinámica transversal que conversa con todas las demás, aliñándolas de manera a crear un ambiente de confianza, coherencia y constancia de la seguridad, esta capa se llama prácticas de comunicación.

Al entender el funcionamiento de la cultura es posible crear estímulos y dirigir herramientas para que, asociadas a los rituales, símbolos, héroes y comunicación, puedan fortalecer cada vez más la Cultura de Seguridad, a fin de que se convierta en un valor e influya en la vida de nuestros colaboradores de manera integral, o sea, a cualquier hora, en cualquier lugar y con cualquier persona.

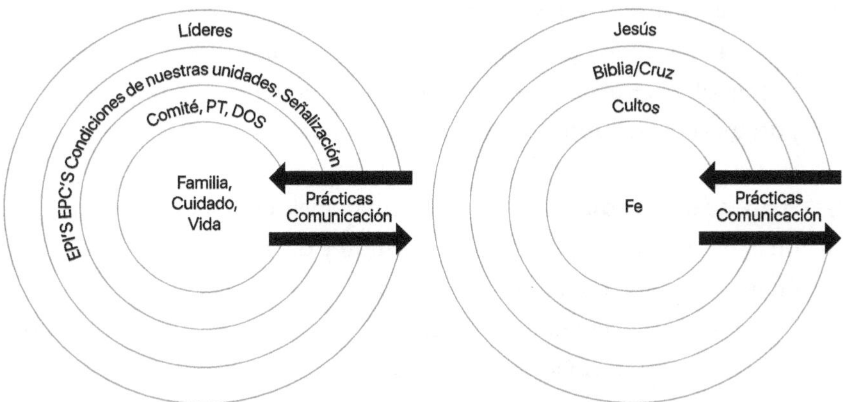

Figura 2:   Ejemplos de funcionamiento del modelo cebolla.

Indicadores de una fuerte cultura de seguridad

Después de un accidente entre dos trenes en la Landbroke Grove Junction, en Londres, Inglaterra, que en octubre de 1999 dejó a 258 personas heridas y causó 31 muertes, además de toda la pérdida material, se hizo una investigación para definir las causas y lo que debería cambiar para que aquello no sucediese más. El informe final listó los cinco principales indicadores de una cultura de seguridad fuerte y eficiente:

a) **Liderazgo:** debe ser claro, decisivo y presente en la rutina de todo el equipo. Debe servir de ejemplo y, por lo tanto, practicar aquello que pregona y exige de sus funcionarios. Hablaremos más sobre liderazgo en un próximo capítulo, en este libro.

b) **Comunicación:** uno de los pilares de una gestión eficiente es la comunicación. El liderazgo debe enviar mensajes claros a todo el equipo en cuanto a las metas y actitudes esperadas con relación a la seguridad; al mismo tiempo; los funcionarios deben dar constantes feedbacks a sus líderes. La comunicación, por lo tanto, debe ser bidireccional.

c)   **Involucramiento de los funcionarios:** no es posible alcanzar un grado satisfactorio de seguridad si los funcionarios no se sienten parte responsable, se no son motivados constantemente con relación a la importancia de su propia salud y la de sus colegas.

d)   **Aprendizaje continuo:** implementar mejoras y nuevas reglas, pero de nada sirve no seguirlas acompañando y desarrollando. Las organizaciones y sus colaboradores precisan aprender con accidentes anteriores o con los casi accidentes (inclusive los que acontecen en otras empresas), analizar informaciones y datos, entender los cambios de comportamiento que surgen a lo largo del tiempo.

e)   **Actitud en relación con culpa:** es preciso tolerancia cero hacia aquello que no presenta seguridad. Toda y cualquier información con relación a eso, incluso aquella que responsabilice a un colega por algo, debe ser relatada sin miedo de venganza o recriminación. La culpa muchas veces es algo justificable, y lidiar con ella sin recelos es dar un paso adelante hacia una empresa más segura.

La diferencia entre clima y cultura de seguridad

Cuando se habla de cultura de seguridad, tanto factores de la organización como aquellos individuales deben ser considerados. ¿Cuál es la percepción de cada colaborador – en toda la jerarquía – sobre los riesgos y cuál es su involucración en la toma de decisión relacionada a la seguridad? ¿Cuál es su influencia sobre el resto del equipo? ¿Y cómo el liderazgo y el equipo responsable de la arquitectura de seguridad dentro de la corporación se relaciona con esas informaciones?

A lo largo de las últimas dos décadas, varios especialistas profundizaron los estudios e intentos de desarrollar y testear técnicas capaces de medir el clima y promover una cultura de seguridad positiva dentro de las corporaciones. Es importante, aquí, diferenciar clima y cultura.

Clima es solo una manifestación temporal de la cultura organizacional, siendo, por lo tanto, más flexible y mutable. Es más fácil de ser medido. Ya la cultura en sí está caracterizada por aspectos más arraigados y que precisan de tiempo para ser transformados.

¿Y cómo, entonces, medir clima y cultura de seguridad, llevando en consideración que son una suma de factores organizacionales e individuales? Un framework publicado por T. D. Jick (1979) estructuró un modelo de perspectiva múltiple construido sobre tres bases diferentes. Un modelo que, hasta hoy, décadas más tarde, es utilizado por diferentes autores y en muchas organizaciones. Es el siguiente:

1) Atributos de la organización (lo que es o ya tiene) o aspectos situacionales.

   🔔 Manifestado en: políticas de seguridad, sistemas y procesos, estructuras, informes.

   🔔 Métodos utilizados para medir: observación, auditorías etc.

2) Percepciones de la organización (cómo es vista). Es el "clima de seguridad", vinculado a aspectos psicológicos.

   🔔 Manifestado en: funcionarios, proveedores, público externo en general.

   🔔 Métodos utilizados para medir: entrevistas, encuestas, etc.

3) Percepciones individuales (impacto sobre las personas) o aspectos comportamentales.

   🔔 Manifestado en: comprometimiento, actitudes, comportamientos y responsabilidades de cada colaborador.

   🔔 Métodos utilizados para medir: cuestionarios, observación etc.

Las métricas disponibles para medir la maduración de la cultura de seguridad.

Cultura es, por definición, algo en constante movimiento, un tanto abstracto. Por lo tanto, es difícil cuantificarla o calificarla de manera estándar. Para facilitar este proceso, se utilizan métricas globalmente reconocidas como modelos: una de Hearts & Minds (Energy Institute) y otra de DuPont conocida como Curva de Bradley. Las dos son parecidas, con pequeñas diferencias en sus representaciones.

El modelo Hearts & Minds fue desarrollado por Shell E&P, con base en 20 años de estudios universitarios, y está siendo aplicado con éxito en las empresas Shell y en Shell en todo el mundo. Hearts & Minds usa una variedad de herramientas y técnicas para ayudar a la organización a involucrar a todos los funcionarios en el gerenciamiento de seguridad en el trabajo como parte integrante de sus negocios.

Curva H&M 1986

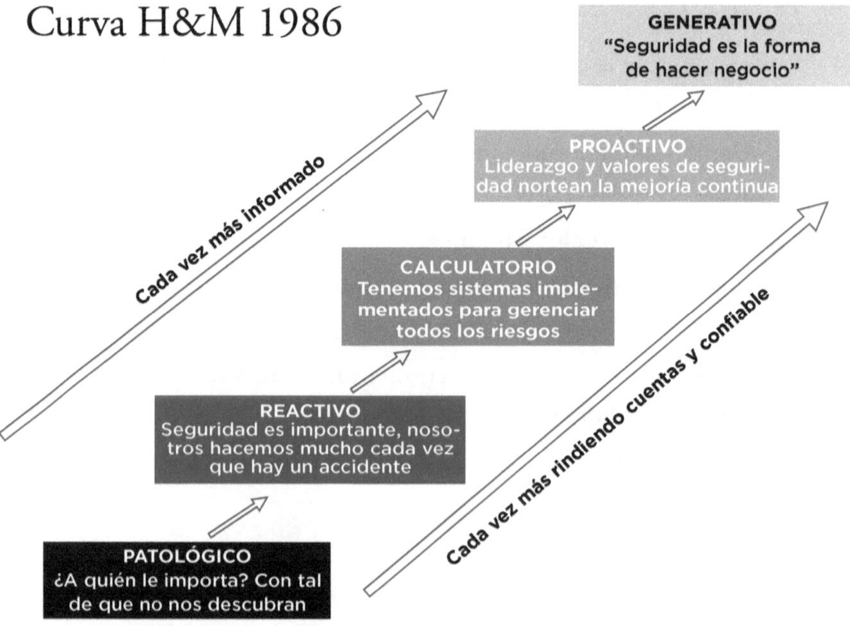

Figura 3: Modelo Hearts & Minds

Patológica

"¡No le damos la menor importancia, siempre que no nos descubran!"

Si pudiesen, las personas ni pensarían en seguridad dentro de la organización. Solo actúan conforme las reglas porque les obligan. De modo que, no hay acciones efectivas en el área de seguridad del trabajo dentro de la corporación. Se cumple la ley y punto. Es un nivel de negación de la seguridad.

Reactiva

"La seguridad es importante, actuamos prontamente siempre que hay un accidente!"

El tema es llevado en serio, pero solamente porque algo salió mal, algún accidente o incidente dejó marcas. Las acciones no son sistemáticas, buscan dar respuestas solo a los accidentes de trabajo, tratando de remediar, y no de evitar. Los líderes en seguridad se sienten frustrados por ver que el equipo no actúa de acuerdo con aquello que se les enseñó y/o solicitó, en seguridad.

Calculadora o Burocrática

"Ya tenemos sistemas siendo implementados para controlar todo."

Aquí se da demasiada importancia a sistemas y datos. Los números son recolectados y analizados al máximo, hay auditorías y la gente comienza a sentir que ya entendió cómo funcionan las cosas. Sin embargo, la eficiencia de tales sistemas y datos recolectados muchas veces no satisfacen. Hasta aquí, la cultura todavía es vista como prioridad y compite con los demás ítems del negocio. Otro fenómeno típico en las culturas burócratas es que la seguridad es una entidad sobre la cual las personas no se sienten responsables. Se trata solo de un tema o departamento.

Proactiva

"Aquí el liderazgo y los valores de seguridad están en constante evolución."

La organización no vive con sus ojos vueltos hacia incidentes pasados, sino en la prevención de futuros. Los líderes, con base en los fuertes valores de la empresa en seguridad, conducen las mejoras continuas y tratan de anticiparse a los problemas, considerando la variabilidad. El equipo, más que ejecutar las reglas de seguridad, está enfocado en dar nuevas ideas y hacerlas cada día más eficientes. En este nivel, la seguridad pasa a ser reconocida como valor. Los comportamientos y hábitos seguros sobrepasan los muros de las fábricas.

Generativa o Sustentable

"Salud y Seguridad: ¡así es como hacemos los negocios por aquí!"

La organización ya tiene un alto nivel de comprometimiento, pero visa mejorarlo constantemente. Las fallas sirven de estímulo para eso y no para apuntar culpables. Información, comunicación y compromiso son palabras clave. Hay un sistema integrado en el cual la empresa se basa para realizar sus negocios y encontrar siempre las mejores formas de controlar y anticipar riesgos. Además, estos temas son retroalimentados por lo que acontece en casa.

Figura 4:   Modelo de curva de Bradley 1995

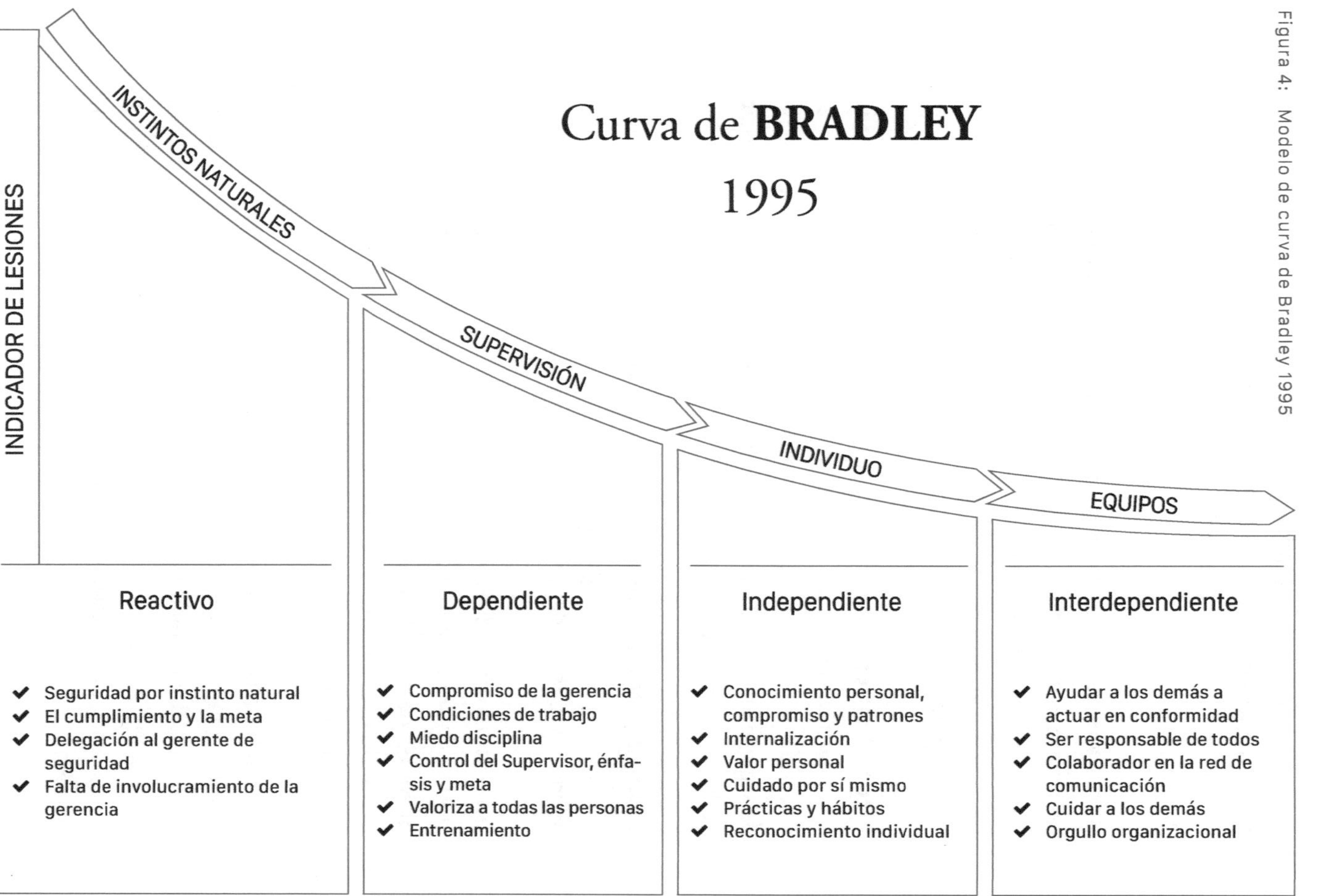
Curva de BRADLEY 1995

INDICADOR DE LESIONES

INSTINTOS NATURALES
SUPERVISIÓN
INDIVIDUO
EQUIPOS

Reactivo
Seguridad por instinto natural
El cumplimiento y la meta
Delegación al gerente de seguridad
Falta de involucramiento de la gerencia

Dependiente
Compromiso de la gerencia
Condiciones de trabajo
Miedo disciplina
Control del Supervisor, énfasis y meta
Valoriza a todas las personas
Entrenamiento

Independiente
Conocimiento personal, compromiso y patrones
Internalización
Valor personal
Cuidado por sí mismo
Prácticas y hábitos
Reconocimiento individual

Interdependiente
Ayudar a los demás a actuar en conformidad
Ser responsable de todos
Colaborador en la red de comunicación
Cuidar a los demás
Orgullo organizacional

La Curva de Bradley, modelo patentado por DuPont a partir de estudios que comenzaron en los años 1990, menciona cuatro niveles de madurez de la cultura de seguridad: reactivo, dependiente, independiente e interdependiente.

Reactivo: está vinculado a los instintos naturales de cada colaborador que no asume responsabilidades y ve la seguridad más como una cuestión de suerte que de gerenciamiento y control de riesgos. Para él, "los accidentes meramente acontecen". Y, obviamente con este tipo de conducta, ¡acontecen de hecho!

Dependiente: la seguridad es delegada a los supervisores, es vista como una cuestión de seguir las reglas previamente elaboradas por terceros. Las tasas de accidentes tienden a disminuir y el equipo responsable por el área de seguridad y por el gerenciamiento de los riesgos, cree que los accidentes podrían ser evitados "si las personas siguiesen las reglas".

Independiente: comienza a verse a sí mismo como responsable de la propia seguridad. El colaborador pasa a creer que sus acciones pueden hacer la diferencia. Los accidentes disminuyen aún más.

Interdependiente: la seguridad es algo que depende de todos. En una cultura de seguridad madura, se vuelve sustentable, con tasas de accidentes próximas de cero. Todos se sienten capaces y autorizados a actuar según lo necesario para garantir la seguridad de sí mismo y de los otros. El cuidado se practica en todos los niveles.

Las diferencias entre los modelos H&M y DuPont están en las representaciones gráficas y en las terminologías utilizadas. Mientras DuPont lista cuatro niveles de madurez, H&M propone cinco. DuPont no reconoce el nivel patológico, aquel de la negación de la seguridad. H&M trabaja con 23 dimensiones fortalecedoras de la cultura de seguridad y DuPont, con 22 elementos.

A seguir, comparo los dos modelos con un tercero, por mí construido a lo largo de los últimos años, mostrando cuáles son los elementos fortalecedores de la cultura de seguridad. Estos elementos se reflejan en rituales, símbolos, en los comportamientos y actitudes de los Héroes y en las prácticas de comunicación.

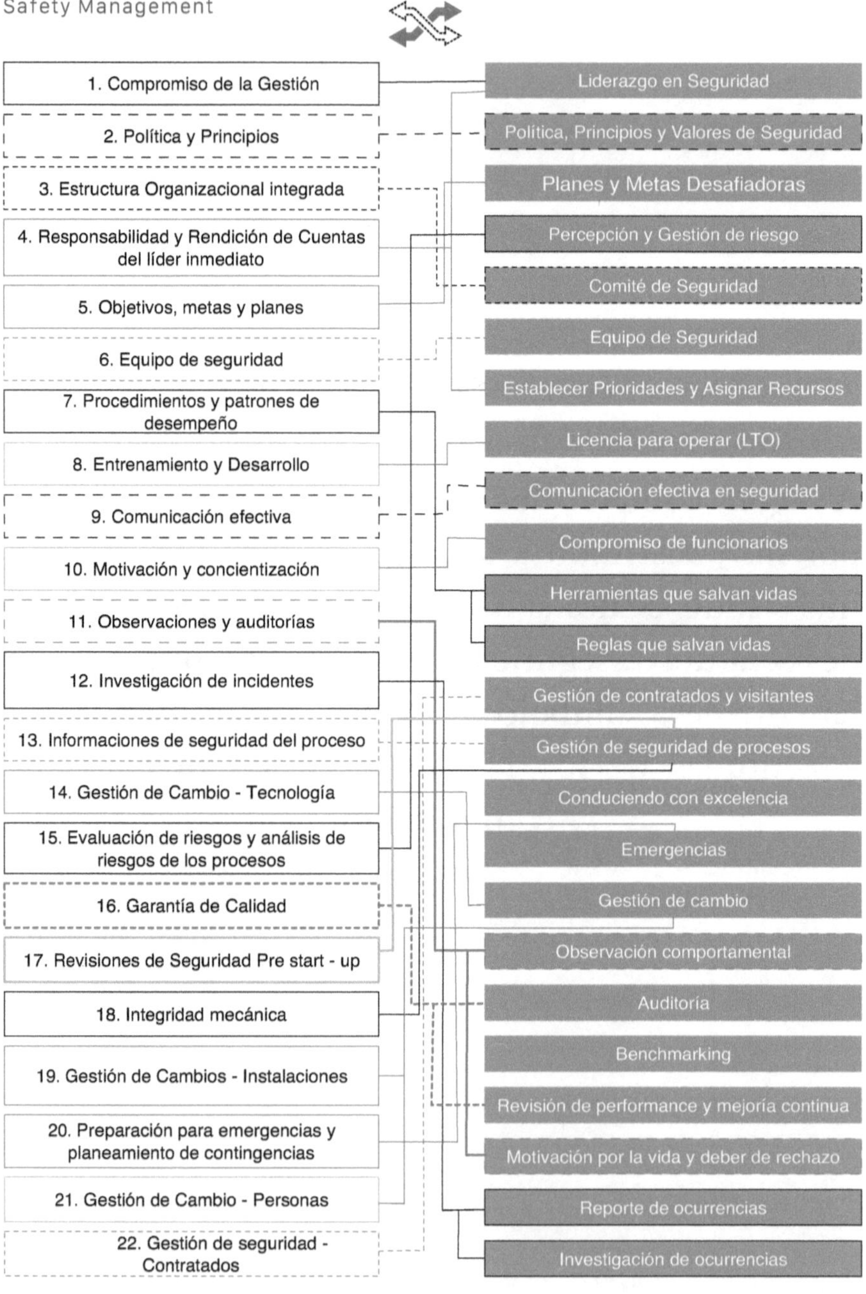
22 Elementos
Dupont (Cultura + PSM) – Process Safety Management

24 Elementos
Andreza Araújo

1. Compromiso de la Gestión
2. Política y Principios
3. Estructura Organizacional integrada
4. Responsabilidad y Rendición de Cuentas del líder inmediato
5. Objetivos, metas y planes
6. Equipo de seguridad
7. Procedimientos y patrones de desempeño
8. Entrenamiento y Desarrollo
9. Comunicación efectiva
10. Motivación y concientización
11. Observaciones y auditorías
12. Investigación de incidentes
13. Informaciones de seguridad del proceso
14. Gestión de Cambio - Tecnología
15. Evaluación de riesgos y análisis de riesgos de los procesos
16. Garantía de Calidad
17. Revisiones de Seguridad Pre start - up
18. Integridad mecánica
19. Gestión de Cambios - Instalaciones
20. Preparación para emergencias y planeamiento de contingencias
21. Gestión de Cambio - Personas
22. Gestión de seguridad - Contratados

Liderazgo en Seguridad
Política, Principios y Valores de Seguridad
Planes y Metas Desafiadoras
Percepción y Gestión de riesgo
Comité de Seguridad
Equipo de Seguridad
Establecer Prioridades y Asignar Recursos
Licencia para operar (LTO)
Comunicación efectiva en seguridad
Compromiso de funcionarios
Herramientas que salvan vidas
Reglas que salvan vidas
Gestión de contratados y visitantes
Gestión de seguridad de procesos
Conduciendo con excelencia
Emergencias
Gestión de cambio
Observación comportamental
Auditoría
Benchmarking
Revisión de performance y mejoría continua
Motivación por la vida y deber de rechazo
Reporte de ocurrencias
Investigación de ocurrencias

24 Elementos
Andreza Araújo

23 Dimensiones
Hearts & Minds

DE LA TEORÍA A LA PRÁCTICA

Elementos Fortalecedores de la Cultura de Seguridad

"La excelencia se alcanza con la práctica. No actuamos correctamente porque tenemos virtud o excelencia: las tenemos porque actuamos correctamente. Somos lo que hacemos incesantemente. La excelencia, por lo tanto, no es una acción, es un hábito."

Aristóteles

Son 24 los elementos fundamentales para las corporaciones que quieren fortalecer la cultura de seguridad. Es preciso medir la adherencia y la organización en cada uno de ellos para entonces ser capaz de clasificar su cultura como patológica, reactiva, burocrática (o calculadora), proactiva o sustentable. A lo largo de este libro, vamos a profundizar en algunos de estos elementos, pero en este capítulo enumero y explico lo que cada uno representa.

A medida que avanzamos en cada elemento, quiero que tú reflexiones sobre cómo puede manifestarse, por medio de rituales, símbolos, en el día a día de los héroes (voceros) de la organización y sobre las prácticas de comunicación.

Además, súmale a esta reflexión que tornar todo eso visible, va más allá del Walk The Talk convencional. Es preciso: hablar, hacer y creer, o sea, necesitamos de lo genuino que incluya los valores, creencias individuales que cuando se sumen, apalanquen el clima organizacional y muevan la cultura.

En la práctica, podemos ver los 24 elementos trabajando en un formato dinámico de PDCA - Plan, Do, Check and Act; la figura 5, trae esta propuesta de funcionamiento. Clasificando los elementos por su potencial: Planeador, Ejecutor, de Chequeo y Acción.

Considero interesante esta mirada, pues cada elemento precisa buscar la mejoría continua, no podemos admitir que la cultura de seguridad sea tratada de manera estática. Además, si consideramos que partimos del CPF rumbo a lo colectivo, es importante pensar, trabajar y desarrollar un modelo sistémico, abarcando el proceso y la gestión, para que se torne un valor personal. Las personas precisan confiar, estar convencidas, llenas de propósito de que el "Cuidado" es nuestro primer y más importante hábito para la vida y que practicarlo es un desafío constante.

Para reforzar este argumento, traigo el estudio reciente de Beyond Performance 2.0 (John Wiley & Sons, julio de 2019). Los directivos de empresas que dedicaron tiempo y esfuerzo para lidiar con las mentalidades individuales, tenían cuatro veces más probabilidad de "éxito" que aquellos que trabajaban en organizaciones que no lo hacían.

PDCA

Figura 5: Modelo PDCA aplicado al Modelo de Cultura de Seguridad

1. Liderazgo en seguridad

El liderazgo en seguridad es la manifestación práctica de los héroes en su día a día demostrando un compromiso visible con la seguridad.

Puede manifestarse en los rituales: práctica de la observación comportamental, liderazgo del comité de seguridad, presencia en campo, etc.

En cuanto a los símbolos que demuestran este elemento, podemos citar: mensajes y comunicados del liderazgo.

A seguir, separé algunas cuestiones referentes a este elemento para su reflexión:

☞ ¿Los funcionarios perciben a sus líderes como ejemplos en el comportamiento seguro? ¿El liderazgo está presente, cumplidor y ejemplar?

☞ ¿Cómo el alto y el mediano liderazgo viven la seguridad?, ¿qué demostraciones visibles de compromiso realizan en el día a día?

☞ ¿Cuáles son sus hábitos seguros?

☞ El liderazgo, de hecho ¿cree en la seguridad? ¿Está de acuerdo con las reglas y el modelo de seguridad adoptados?

☞ ¿Son portavoces de los valores y creencias de seguridad?

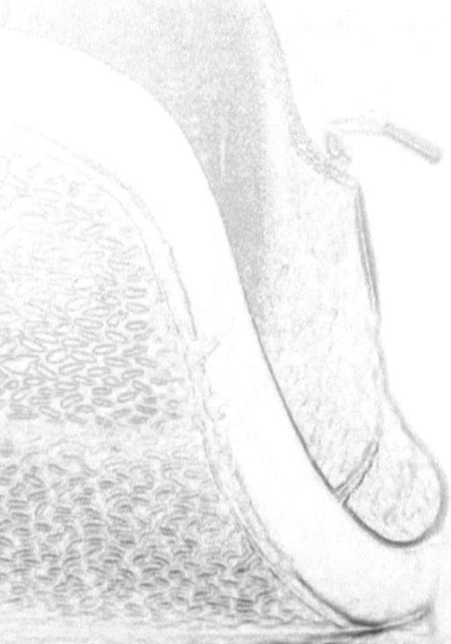

Sustainable

5

El liderazgo actúa como líder en seguridad y es reconocido como ejemplo dentro del sitio. Eso se refleja en los resultados alcanzados en la unidad (mejoría en el desempeño durante 3 años consecutivos). El desempeño da su área es un ejemplo en todos los KPI's. El alto liderazgo entiende su papel y la importancia como portavoz de la cultura de seguridad, creando oportunidades de exposición por medio de un mensaje genuino para toda la organización. No existen más Metas de seguridad. Los líderes se desafían constantemente buscando formas innovadoras para demostrar el compromiso visible con la seguridad.

Proactivo

4

El liderazgo entiende el valor, se empodera de la seguridad y pasa a ejercer su liderazgo practicando el Ver & Actuar. El desempeño de seguridad forma parte del plan de negocio y es revisado en las reuniones estratégicas. El énfasis del liderazgo es ser un ejemplo, construir un legado y actuar con profundidad desafiando a sus equipos con metas, distribuyendo apropiadamente los recursos y revitalizando los esfuerzos de seguridad.
El proceso de prestación de cuentas acontece, es efectivo con resultados y análisis crítico buscando siempre oportunidades de mejoría. El alto liderazgo entiende su papel y realiza visitas sin aviso previo con el propósito de fortalecer la cultura de seguridad del sitio.
El liderazgo se siente responsable cuando suceden ocurrencias y piensan sobre las fallas en su comportamiento que permitieron que los accidentes aconteciesen.

Burocrático

3

El liderazgo entiende su papel y su responsabilidad en seguridad, y recibe como competencia no técnica para desarrollar el liderazgo en seguridad, con una rutina definida y también metas de cumplimiento. Los líderes buscan el cumplimiento de las metas para evitar constreñimientos. La ejecución de su papel, responsabilidades y rutina dependen del equipo de seguridad. El alto liderazgo pasa a visitar el sitio sin una sistemática de seguridad, sin embargo, algunos mensajes no estructurados son compartidos. El proceso de rendición de cuentas acontece, pero no es efectivo y presenta poco resultado, por estar poco estructurado. Los líderes no se sienten responsables de las ocurrencias y buscan siempre a los culpables.

Reactivo

2

El liderazgo se manifiesta y lidera en seguridad siempre después de alguna ocurrencia y/o cuando existe algún riesgo de continuidad del negocio. El alto liderazgo de la organización visita el sitio de manera rutinaria tras una ocurrencia seria con pérdidas y daños, con el objetivo de buscar culpables. No obstante, no existe un proceso formal de rendición de cuentas a partir de la definición de papeles y responsabilidades. El liderazgo revisa junto con el área de seguridad su desempeño.

Patológico

1

El liderazgo no lidera en seguridad y no cree que eso sea importante y necesario. Las visitas del liderazgo al sitio no acontecen con el enfoque de seguridad. No existe ningún tipo de rendición de cuentas con relación a seguridad. Las metas están enfocadas en los indicadores reactivos.

Para llegar al nivel sustentable, vea los **SIEMPRE** Y **NUNCA** recomendados.

SIEMPRE

- Responsable por la seguridad de su equipo;
- Ejemplo, confiable e íntegro;
- Actúa cumpliendo procedimientos, patrones y reglas de seguridad;
- Entiende y actúa proactivamente en la construcción y fortalecimiento de la cultura de seguridad;
- Fomenta el pensamiento innovador;
- Genuino en la práctica de los valores de seguridad;
- Inspira, encoraja y compromete a la gente en pro de la actitud de seguridad;
- Practica la empatía, es ético y justo;
- Comunica incansablemente la seguridad;
- Practica el Ver & Actuar;
- Está presente en campo practicando la seguridad, haciendo lo que dice;
- Incluye seguridad en las reuniones estratégicas y en el plan estratégico de su unidad;
- Demuestra compromiso visible en seguridad además de las metas establecidas;
- Como rutina actúa con acciones visibles en pro de la prevención; y
- Posee un mensaje personal de seguridad.

NUNCA

- Sea reactivo y punitivo;
- Tenga postura de policía;
- Sea disimulado en la práctica de la seguridad;
- Postergue situaciones inseguras;
- Delegue su papel y responsabilidad;
- Diga o haga cosas en las que no cree sobre seguridad;
- Sea incoherente;
- Deje de cumplir con sus compromisos y rutina de seguridad;
- Crea que la seguridad es responsabilidad únicamente de la seguridad; y
- Deje de cumplir con los rituales de seguridad.

2. Política, Principios y Valores de Seguridad

Este elemento representa el modelo gobernable de la seguridad: dónde está posicionado y cómo es tratado.

Pueden manifestarse en los rituales: Comité de seguridad, plan anual de metas, plan de inversiones etc.

La Política puede ser entendida como la carta compromiso de la compañía, traducida en un documento formal que debe ser ampliamente comunicado, mostrando cuáles son los compromisos asumidos con todas las partes interesadas. Los principios son la base de sustentación de la Política, son el conjunto de directrices, que reflejan las creencias. Los valores por sí solos muestran lo que no es negociado para la organización.

Pueden manifestarse en los símbolos: plan de comunicación, condiciones estructurales de las unidades, valores, creencias y portavoces.

A seguir, separé algunos puntos referentes a este elemento, para reflexión:

- ¿Cómo este conjunto se presenta dentro de la empresa?

- ¿Cómo es la gobernabilidad y la organización de la creencia en seguridad?

- El compromiso con seguridad, ¿está establecido en las políticas de la empresa? ¿Es un valor proteger la integridad física de las personas?

- ¿Cuáles son los principios de seguridad que la organización estableció?

Sustainable

5

Los funcionarios están apasionados y creen en los principios y valores de seguridad de la compañía. La empresa es reconocida como de clase mundial por sus demostraciones de compromiso visible en el establecimiento y cumplimiento de compromisos asumidos. Se la desea como local para trabajar y hacer negocio. Seguridad del trabajo es un valor central incuestionable. Se entiende que ambas, la excelencia en los negocios y la excelencia en seguridad son conquistadas con las mismas acciones. La organización se rehúsa a colocar otros objetivos de desempeño por encima de la seguridad.

Proactivo

4

La organización establece seguridad como valor y revitaliza sus políticas, principios y valores. El liderazgo consigue traducir los compromisos firmados con ejemplos prácticos durante la interacción con sus funcionarios y éstos entienden su papel y su responsabilidad.

Las prácticas son consistentes con lo establecido en el papel y eso se percibe dentro y fuera de la organización. El desempeño en seguridad es prioridad para la empresa.

Burocrático

3

La organización establece su política y sus principios con el objetivo de demostrar un compromiso visible con la seguridad, la prioridad es implementar el sistema de gerenciamiento de seguridad. Estos documentos son conocidos por el liderazgo y el área de seguridad. Las decisiones del mediano liderazgo no conversan con las declaraciones realizadas por la compañía. Los gerentes hablan sobre seguridad operacional, pero no siempre siguen lo que se ha dicho, especialmente cuando no se alcanzan las metas de costos y producción. Sin embargo, la organización percibe que tener una política, principios y valores puede encantar a su fuerza de trabajo y a sus clientes, pero la prioridad es cumplir las metas de seguridad.

Reactivo

2

La organización escribe una política de seguridad con el objetivo de establecer las directrices. Pero este documento es poco conocido, su gestión la hace el equipo de seguridad. Además, el liderazgo cree que la organización posee de manera implícita el valor seguridad en su declaración de valores. Mantener las operaciones en curso es la prioridad número uno. Los documentos son presentados como una herramienta de diálogo con el gobierno y con el cliente. La organización no ve algún valor en estos documentos, ellos no reflejan las prácticas operacionales. La prioridad es alcanzar las metas de costo y productividad.

Patológico

1

La organización no posee registro ni vínculo de seguridad en su política, principios y valores de seguridad.

La reducción de costo y producción son las únicas prioridades. La seguridad es considerada como un costo. El principio es hacer las cosas lo más baratas posible.

Para llegar al nivel sustentable, vea los **SIEMPRE** Y **NUNCA** recomendados.

SIEMPRE

- *Los compromisos con la seguridad deben ser Top Down;*
- *Los compromisos deben caer como cascada para todos los funcionarios y ser coherentes con lo establecido en las políticas, principios y valores;*
- *Todos deben conocer su papel y responsabilidad;*
- *El alto y mediano liderazgo debe estar de acuerdo y comprometerse genuinamente;*
- *Mantenga la comunicación actualizada y visible de la política, principios y valores de seguridad;*
- *Desafíe a todos para comprometerse y compartir de manera responsiva yendo más allá de los portones de la unidad;*
- *Comprometa al mercado con sus buenas prácticas en el alcance de metas desafiadoras;*
- *Verifique la adherencia a la ejecución y al cumplimiento de los compromisos en el mediano liderazgo;*
- *Construya un manifiesto de valores con la participación de todos los funcionarios; y*
- *El alto liderazgo debe ser portavoz de la política, principios y valores de la seguridad.*

NUNCA

- Deje de manera implícita los compromisos y valores de la compañía con relación a la seguridad;
- Deje de comprometerse formalmente con la seguridad;
- Permita que el área de seguridad establezca de manera unilateral compromisos con ella;
- Asuma y defina compromisos que no sean adecuados a su escenario y con su impacto;
- Permita que estos compromisos se vuelvan obsoletos y sin credibilidad dentro de la organización;
- Permita que estos compromisos sean incumplidos;
- Permita que haya negociación en el cumplimiento de las metas de manera que le saque crédito al proceso;
- Deje de realizar un análisis crítico en la definición y en el cumplimiento de los compromisos asumidos; y
- Crea que la seguridad es la única área que debe prestar cuentas por la seguridad en la unidad.

3. Percepción y Gestión de Riesgo

Percibir y gerenciar el riesgo es una incumbencia de todos en la organización, debe permear todos los niveles y explicar nuestro modelo de toma de decisión.

Pueden manifestarse en los rituales: gemba walk, análisis de riesgo, plan de inversión etc.

Pueden manifestarse en los símbolos: tasa de resolución de las condiciones inseguras, condiciones de seguridad de las máquinas, equipamientos, etc.

Los héroes tienen el papel de apoyar/participar y demostrar su percepción y comprometerse con la gestión de riesgos.

A seguir, separé algunos puntos referentes a este elemento para su reflexión:

👉 ¿Cómo las personas perciben los riesgos y se anticipan a ellos?

👉 ¿Cómo se hace la toma de decisión para poder gerenciar desde el riesgo crítico hasta el riesgo considerado bajo?

👉 ¿Hay jerarquización en el control de riesgo?

👉 ¿Quién participa?

👉 ¿La gente siente que es oída al reportar una situación de riesgo?

👉 ¿Es seguro el ambiente para falar sobre oportunidades / vulnerabilidades de seguridad en la unidad? o, ¿pueden ocurrir puniciones para quien demuestra preocupación por la seguridad de la unidad y de la comunidad del entorno?

Sustainable — 5

Las personas en la unidad se empoderan de la gestión de riesgo y del pensamiento "¿y si…?" de falla y expanden el concepto hacia actividades fuera del trabajo. El proceso es constantemente reciclado y retroalimentado dentro de la organización. Todos se incomodan y continuamente se desafían: ¿existe algo que no estamos viendo y tratando? ¿Será que tenemos una sensación de seguridad falsa?

Proactivo — 4

Existe un sistema de gestión de riesgo que se enfoca en todas las áreas de la organización, todo el alto y mediano liderazgo conoce y utiliza la jerarquía de control en su ver & actuar y en las priorizaciones. El ¿"y si…?" se usa en los diálogos organizacionales. Los funcionarios lo hacen en su rutina de gestión de riesgo. El pensamiento de la falla, de la variabilidad, se fortalece en toda a organización. Los resultados de los análisis son divulgados con la preocupación de garantir la comprensión de las personas. Cada funcionario entiende su papel y se responsabilidad en la gestión de los riesgos y en el uso de las herramientas. Los funcionarios son empoderados para percibir y gerenciar los riesgos de manera proactiva.

Burocrático — 3

Existe un sistema estructurado de Gestión de Riesgo que visa el área productiva, no obstante, no existe claridad en os criterios de la metodología utilizada, y toda la gestión, comunicación y ejecución depende del departamento de Seguridad. La línea de frente operacional no es involucrada en el proceso de Gestión de Riesgo. Sin embargo, no existe claridad sobre los planes y ejecuciones. Todo se documenta y está en el departamento de seguridad para presentar durante las auditorías.

Reactivo — 2

La gestión de riesgo se hace con énfasis en los requisitos legales y tras una ocurrencia. El equipo de seguridad conduce el proceso. No hay un sistema estructurado de gestión y percepción de riesgo. Las personas que los vislumbran y levantan la mano, son punidas. La prioridad es no parar la unidad, las acciones se determinan siempre en función de los equipamientos críticos y que pueden comprometer las metas.

Patológico — 1

Tiene el foco en los riesgos matadores que impidan el funcionamiento y/o paralicen la unidad. El ambiente no es favorable para hablar sobre seguridad, la gente que lo hace no es bien vista dentro de la organización.

Para llegar al nivel sustentable, vea los **SIEMPRE** Y **NUNCA** recomendados.

SIEMPRE

- Potencialice el pensamiento de la falla "¿Y si...?";
- Todos deben conocer los riesgos y la jerarquía de control;
- Garanta que el análisis de riesgo sea elaborado por un equipo multidisciplinar;
- Involucre al colaborador de la actividad en todo el proceso de percepción y gestión de riesgo;
- Utilice metodologías claras y con simplicidad en los detalles;
- Empodere a todos en la práctica del Ver & Actuar;
- Chequee la adherencia del entendimiento de los riesgos asociados;
- Cree experiencias de diversos aprendizajes de manera a potencializar el conocimiento de los peligros y riesgos para el aculturar de la seguridad;
- El Dueño del área debe ser el responsable del análisis, actualización y divulgación de los resultados y de las medidas de control de gestión de riesgo;
- Utilice los análisis de riesgo de forma lúdica en la integración;
- Escuche, para que los análisis de riesgos sean actualizados considerando las variabilidades del negocio;
- Incomódese y genere un incómodo en los funcionarios cuando paren de identificar los riesgos; y
- Atribuya la Percepción y Gestión de Riesgo a toda la organización, independiente del nivel jerárquico.

NUNCA

- El área de seguridad debe hacer todo el proceso de análisis y gestión de riesgo;
- Deje de establecer criterios para priorizar;
- Delegue lo indelegable, permitiendo que terceros hagan los análisis de riesgo con soluciones prefabricadas;
- Esconda los resultados del análisis de riesgo;
- Ignore las fallas posibles y la variabilidad;
- Restrinja y trate como negativa a la persona que piensa en las posibles fallas;
- Permita que un funcionario inicie sus actividades sin conocer los peligros y riesgos;
- Realice la divulgación de los análisis solamente a través de murales o matrices;
- Ignore el desarrollo de esta atribución para todas las funciones;
- Deje de dar feedback referente a la percepción de riesgo;
- Deje de tomar medidas ante una situación de riesgo identificada; y
- Crea que su trabajo no tiene riesgo y no permita esta creencia a ningún colaborador.

4. Planes y Metas Desafiadoras

Este elemento trae la dirección para las prácticas de seguridad, estableciendo un plan para el alcance de las metas. El plan y las metas deben formar parte de la agenda del comité de seguridad y deben ser ampliamente discutidos para que sean desafiadores y cumplideros.

Cómo se manifiesta en rituales: Comité de seguridad, análisis crítico de la seguridad, plan estratégico de seguridad entre otros.

Cómo se manifiesta en símbolos: Cuadros e informes, etc.

A seguir, separé algunos puntos referentes a este elemento para su reflexión:

☞ ¿Cuáles son las metas en seguridad? ¿Son alcanzables, son desafiadoras?

☞ ¿Se hicieron solo en función de los indicadores reactivos o son una mezcla de reactivos y proactivos?

☞ Son preparadas dentro del modelo SMART

SMART ¿S — Specifc (Específico); M — Measurable (Medible); A — Attainable (Alcanzable); R — Relevant (Relevante); y T — Time-Bound (Tiempo libre)?

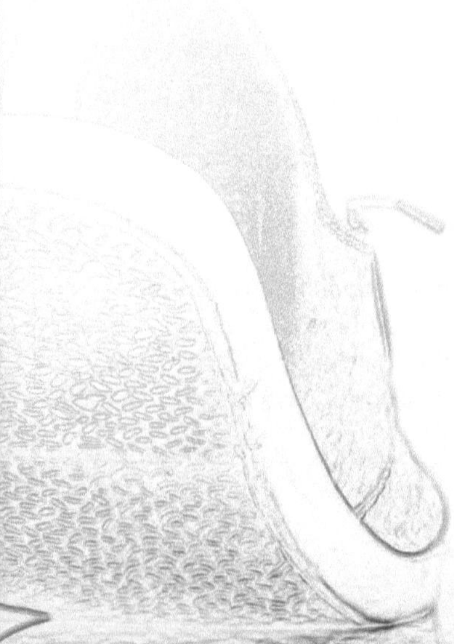

Sustainable

5

El comité establece y gerencia las metas con la participación del alto liderazgo. El énfasis principal está en construir un ambiente de cero ocurrencias. El alto y mediano liderazgo encorajan a todos los funcionarios a buscar y construir este resultado. Cada uno sabe su papel y su responsabilidad para alcanzarlo. Además, existe la aspiración de construir una reputación en seguridad para la marca.

Proactivo

4

El plan de metas lo establece el comité, que utiliza como base los compromisos asumidos en la política, principios y valores de seguridad, además de traer el análisis de riesgo actualizado de la organización y los elementos del sistema de gestión. El foco está en la calidad del cumplimiento de cada meta. Los indicadores son divulgados conforme las prácticas de gestión estén a la vista. El no alcance de las metas impacta en las acciones de reconocimiento. Las metas son alcanzables y desafiadoras reflejando la búsqueda del fortalecimiento de la cultura. Todos los funcionarios conocen el plan de metas y su respectivo papel y responsabilidad.

Burocrático

3

La organización establece planes y metas desafiadoras de corto y mediano plazo, aunque de manera aislada, no tomando en cuenta el plan de negocios de la organización. Las metas consideran la conformidad legal y el análisis de riesgo de la organización. Se establecen indicadores proactivos, con énfasis en la cantidad de reportes, generando poco aprendizaje para la organización ("estamos hace xxx días sin accidentes con alejamiento"). Los indicadores se divulgan solo en las reuniones de resultados. Son gerenciados por el área de seguridad. El no alcance de las metas no impacta en ninguna acción de reconocimiento, pues los KPI's de seguridad no están vinculados. Tampoco están unidos al plan profesional de los líderes.

Reactivo

2

Los indicadores reactivos se establecen con el objetivo de atender requisitos legales y garantir la continuidad del negocio, no obstante, estos indicadores son gerenciados por el área de seguridad. No se realiza un análisis crítico de performance y no existe ninguna rendición de cuentas sobre los resultados de seguridad. No existen indicadores y gestión de desempeño para KPI's (key performance indicators) reactivos y proactivos de seguridad.

Patológico

1

No existen indicadores y gestión de desempeño para KPI's (key performance indicators) reactivos y proactivos de seguridad.

Para llegar al nivel sustentable, vea los **SIEMPRE** Y **NUNCA** recomendados.

<table>
<tr><td colspan="2" align="center">SIEMPRE</td></tr>
<tr><td>🔓</td><td>Establezca metas de seguridad que conversen con todas las áreas y que estén alineadas al planeamiento estratégico del negocio;</td></tr>
<tr><td>🔓</td><td>El plan de metas debe reflejar KPI's reactivos y proactivos;</td></tr>
<tr><td>🔓</td><td>La discusión, el establecimiento y la gestión del plan de metas se debe hacer a través del comité de seguridad;</td></tr>
<tr><td>🔓</td><td>Las metas deben reflejar los compromisos asumidos en la política, principios y valores de seguridad;</td></tr>
<tr><td>🔓</td><td>Las metas deben considerar los resultados y necesidades del análisis de riesgo;</td></tr>
<tr><td>🔓</td><td>Establezca un proceso de aprendizaje y análisis crítico de las metas;</td></tr>
<tr><td>🔓</td><td>El alcance de las metas debe estar vinculado a un programa de Recompensa, Reconocimiento y reconocimiento profesional;</td></tr>
<tr><td>🔓</td><td>Garanta que todos los funcionarios conozcan las metas y su respectivo Papel & Responsabilidad;</td></tr>
<tr><td>🔓</td><td>Las metas deben ser establecidas en el formato SMART;</td></tr>
<tr><td>🔓</td><td>Establezca una comunicación masiva de manera a garantir que todos os funcionarios conozcan los objetivos y metas de la compañía;</td></tr>
<tr><td>🔓</td><td>El alto liderazgo precisa tratar las metas de seguridad con el mismo cuidado que tiene para con los indicadores financieros; y</td></tr>
<tr><td>🔓</td><td>El alto liderazgo debe ser el embajador de las metas y comprometer a los funcionarios en la búsqueda de su construcción y alcance.</td></tr>
</table>

<table>
<tr><td colspan="2" align="center">NUNCA</td></tr>
<tr><td>🔒</td><td>Establezca metas de seguridad solamente para el equipo de seguridad;</td></tr>
<tr><td>🔒</td><td>Trabaje únicamente con metas reactivas;</td></tr>
<tr><td>🔒</td><td>Defina metas inalcanzables y sin criterios;</td></tr>
<tr><td>🔒</td><td>Deje de comunicar y actualizar el estatus;</td></tr>
<tr><td>🔒</td><td>Hable con transparencia durante el proceso de gestión de las metas;</td></tr>
<tr><td>🔒</td><td>Olvide el propósito de las metas de seguridad, que debe reflejar el objetivo de prevenir que as personas se lastimen; y</td></tr>
<tr><td>🔒</td><td>Permita que el alcance de las metas se vincule solamente a la cantidad de entregas, sino también a la calidad de las entregas.</td></tr>
</table>

5. Establecer Prioridades y Asignar Recursos

Las prioridades y la ubicación de cualquier tipo de recurso traen sustento para la cultura de seguridad. Por eso es importante que sea discutido y que considere variables operacionales, tácticas y estratégicas.

Pueden manifestarse en los rituales de: comité de seguridad, análisis de riesgo, auditorías, etc.

Pueden manifestarse por medio de los símbolos: estructuras que demuestren recursos localizados, prácticas de comunicación, etc.

Los héroes son los protagonistas de la aprobación de los planes y la ubicación de los recursos.

A seguir, separé algunos puntos referentes a este elemento para su reflexión:

☞ ¿La empresa tiene una matriz de inversiones prioritaria?

☞ ¿Cuáles son los criterios que la hacen prioritaria?

☞ ¿Es de conformidad legal o gestión del riesgo? ¿Conocen las personas las prioridades en seguridad y entienden por qué fueron colocadas en esta jerarquía?

☞ ¿Hay transparencia cuando los recursos son asignados?

☞ ¿Existe una metodología para la toma de decisión que considera las variables legales, la exposición al riesgo y otros criterios que se consideren necesarios?

☞ ¿Los funcionarios conocen esta matriz?

Sustainable — 5

Existe un plan con presupuesto destinado a la innovación y optimización, agregando valor y apalancando la performance del negocio. El análisis de riesgo es actualizado y nuevas inversiones son realizadas conforme la necesidad. Se nota que la inversión en seguridad contribuye para impulsar los demás resultados financieros de la organización.

Proactivo — 4

La organización posee un comité preparado para entender y definir las inversiones de seguridad, considerando los análisis de riesgo y las herramientas de gestión, usando para la toma de decisión la jerarquía de control. El plan de inversión está vinculado al planeamiento estratégico de seguridad de la organización con objetivos y metas de inversión a corto, mediano y largo plazo. Los recursos asignados a seguridad están protegidos y no poseen riesgos de cambios de dirección.

Burocrático — 3

Se realiza un plan de inversión en seguridad, pero sin estructuración de análisis y priorización. El área de seguridad pasa a gerenciar el plan de inversiones con el liderazgo de la unidad. La asignación de recursos se hace para eliminar condiciones inseguras y evitar accidentes, sin embargo, los recursos pueden sufrir un cambio de dirección "gana más quien grita más".

Reactivo — 2

Economizar dinero con corte de costos es importante, pero ese dinero se gasta para que la mejoría en Seguridad esté en conformidad con los requisitos legales, la atención a las denuncias y auditorías de agencias regularizadoras. La continuidad de las operaciones es la prioridad número uno. Toda definición y priorización lo hace el liderazgo de la unidad. Los recursos de seguridad compiten con el recurso de manutención.

Patológico — 1

No posee un plan de inversiones en seguridad. Éstas son puntuales y componen la cartera de manutención. La seguridad es vista como algo que cuesta caro, y la única cuestión importante es evitar costos extras y la paralización de los negocios.

Para llegar al nivel sustentable, vea los **SIEMPRE** Y **NUNCA** recomendados.

<table>
<tr><td colspan="2" align="center">SIEMPRE</td></tr>
<tr><td>🔓</td><td>Tenga un plan estratégico de seguridad que converse con los análisis de riesgo, temas de cumplimiento legal, reportes de condiciones inseguras y otras herramientas que soporten la gestión de riesgo en seguridad;</td></tr>
<tr><td>🔓</td><td>Mantenga los análisis de riesgo confiables y actualizados;</td></tr>
<tr><td>🔓</td><td>las inversiones deben ser accedidas después de la ejecución del change management;</td></tr>
<tr><td>🔓</td><td>Tenga una cartera de inversiones de seguridad;</td></tr>
<tr><td>🔓</td><td>Tome decisiones utilizando la jerarquía de control;</td></tr>
<tr><td>🔓</td><td>Garanta una discusión y una decisión multidisciplinar;</td></tr>
<tr><td>🔓</td><td>Busque la optimización e innovación en los proyectos de mitigación de peligros y riesgos, agregando valor al negocio;</td></tr>
<tr><td>🔓</td><td>Tenga gente capacitada involucrada en el proceso decisorio;</td></tr>
<tr><td>🔓</td><td>Involucre a las áreas de: seguridad, calidad, manutención, operador, liderazgo del área e higienización, en el proceso de gestión de cambio para asignar recursos; y</td></tr>
<tr><td>🔓</td><td>Comunique a los involucrados la razón de prioridad y ubicación de recursos.</td></tr>
</table>

<table>
<tr><td colspan="2" align="center">NUNCA</td></tr>
<tr><td>🔒</td><td>Asigne recursos de manera reactiva;</td></tr>
<tr><td>🔒</td><td>Trabaje la ubicación de recursos de manera aislada de otras áreas;</td></tr>
<tr><td>🔒</td><td>Deje los criterios de ubicación de recursos subjetivos;</td></tr>
<tr><td>🔒</td><td>Retrase;</td></tr>
<tr><td>🔒</td><td>Racionalice el peligro y el riesgo por falta de historial de ocurrencias;</td></tr>
<tr><td>🔒</td><td>Piense de forma aislada en el "capex de seguridad"; y</td></tr>
<tr><td>🔒</td><td>Asigne recursos solo porque va a haber auditoría.</td></tr>
</table>

6. Equipo de Seguridad

El equipo de seguridad precisa entender su papel como arquitectos de la construcción y fortalecimiento de la cultura de seguridad. A medida que maduramos pasamos por cada etapa de la cultura y nuestro papel se va consolidando como de gran influencia, estímulo e inspiración para la organización.

Actuamos de manera directa e indirecta en todos los rituales y en los símbolos, y podemos ser considerados como el pescuezo de los héroes mostrando la dirección con estímulos proactivos.

A seguir, separé algunos puntos referentes a este elemento para su reflexión:

- ¿Cómo es mi equipo de seguridad? ¿Uno de tipo policía, que impone miedo, reactivo? ¿O un equipo de soporte?

- ¿Los funcionarios desean formar parte del equipo de seguridad? ¿Ejercer una función en el departamento de seguridad forma parte de la evolución profesional?

- ¿Qué tipo de influencia ejerce el equipo dentro da organización?

- ¿Cómo se lo ve al equipo de seguridad dentro de la organización?

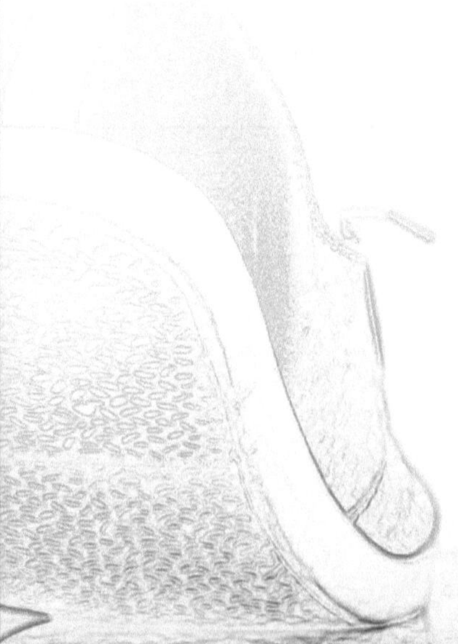

Sustainable — 5

El modelo de estos profesionales es diferenciador, hasta por el tipo de actividad que desempeñan dentro de la empresa. El foco está en la atención a los clientes y en sus demandas, en busca de mantener la excelencia operacional en seguridad. Los hábitos organizacionales de seguridad están establecidos, las responsabilidades de seguridad distribuidas en toda la compañía y el estatus de importancia de este departamento se compara a los demás. Los datos estadísticos de seguridad poseen el mismo peso que los indicadores de performance financiera de la organización.

Ese equipo busca tecnologías e innovaciones para mitigar los riesgos y ofrecer un soporte técnico diferenciador. Este equipo trata la seguridad de manera humanizada e inspira a la organización entera.

Proactivo — 4

Hay un empoderamiento de todas las áreas. Tenemos los llamados Dueños de la Seguridad. El equipo de seguridad ofrece soporte técnico a todas las áreas. Su foco está en el desafío de mantener e inspirar prácticas seguras, buscando soluciones innovadoras, mirando la causa raíz. Todas las personas poseen conocimiento del propósito del área de seguridad. El gestor de seguridad se reporta directamente al gestor de la unidad. Existe un plan profesional y una matriz de competencia para los profesionales del área.

Además, forma parte del plan profesional de desarrollo para las posiciones de liderazgo y/o "high potencial", ejercer por un tiempo alguna actividad en el Departamento de Seguridad

Burocrático — 3

Los rituales y las prácticas de seguridad son implementados y liderados por el equipo de seguridad. Hay poca madurez en las otras áreas y gran dependencia del departamento de seguridad. El empoderamiento es el gran desafío y objetivo en esta etapa. El departamento de seguridad presenta análisis estadísticos. El área de seguridad se reporta a rh y/o departamento de calidad y/u operaciones. No existe ningún programa de formación y construcción de competencia para el equipo de seguridad.

La percepción es que posee muchas actividades burocráticas. Encontrar al equipo de seguridad en campo es pura suerte.

Reactivo — 2

En Brasil podemos tener el SESMT - Servicios Especializados en Ingeniería de Seguridad y en Medicina del Trabajo - atendiendo como soporte técnico. El acompañamiento del equipo de seguridad es a distancia y trabaja con demandas puntuales, direccionadas a atender a la legislación y a la tratativa de ocurrencias, como mucho "bombero" dentro de la organización. Los profesionales son vistos como poco proactivos y formar parte de este departamento significa estar en final de carrera.

Patológico — 1

No existen profesionales de seguridad en la unidad. El área no es considerada necesaria. Cualquiera puede hacer seguridad.

Para llegar al nivel sustentable, vea los **SIEMPRE** Y **NUNCA** recomendados.

<table>
<tr><td colspan="2" align="center">SIEMPRE</td></tr>
<tr><td>🔓</td><td>El equipo de seguridad debe ofrecer soporte para hacer "con" seguridad;</td></tr>
<tr><td>🔓</td><td>El equipo de seguridad debe poseer claridad de su papel y responsabilidad;</td></tr>
<tr><td>🔓</td><td>El equipo de seguridad debe avanzar en el soporte técnico de seguridad buscando soluciones innovadoras y desafiando la gestión actual;</td></tr>
<tr><td>🔓</td><td>El equipo de seguridad debe estar presente en el campo y ser conocido en la organización;</td></tr>
<tr><td>🔓</td><td>Hágase de reputación y ejerza influencia en toda la organización;</td></tr>
<tr><td>🔓</td><td>Planee las rutinas con énfasis en ofrecer la mejor atención a los clientes;</td></tr>
<tr><td>🔓</td><td>Posea un liderazgo inspirador;</td></tr>
<tr><td>🔓</td><td>Saque a colación lo que es difícil conversar y busque soluciones sinérgicas entre todas las áreas;</td></tr>
<tr><td>🔓</td><td>Practique el endomarketing con acciones claras y de impacto;</td></tr>
<tr><td>🔓</td><td>Tenga una postura abierta y aliada a principios y valores claros "no negociando lo innegociable"; y</td></tr>
<tr><td>🔓</td><td>El equipo de seguridad debe recibir entrenamiento y tener su atribución desarrollada como área de soporte.</td></tr>
</table>

<table>
<tr><td colspan="2" align="center">NUNCA</td></tr>
<tr><td>🔒</td><td>Sea reactivo a una oferta del soporte técnico;</td></tr>
<tr><td>🔒</td><td>Sea reconocido por "no puede";</td></tr>
<tr><td>🔒</td><td>Sea acomodado y posea foco solamente en la atención a la legislación;</td></tr>
<tr><td>🔒</td><td>Presente un abordaje desacreditando la importancia de la seguridad;</td></tr>
<tr><td>🔒</td><td>Debe ser visto como policial ejerciendo el pequeño poder;</td></tr>
<tr><td>🔒</td><td>Asuma el principio de la precaución sin buscar profundidad técnica; y</td></tr>
<tr><td>🔒</td><td>Permanezca en la zona de confort.</td></tr>
</table>

7. Comité de Seguridad

El comité de seguridad es el principal fórum de discusión de seguridad. Es empoderado, confiable e liderado por miembros de alta y mediana gerencia.

El Comité es un ritual de manifestación de la cultura de seguridad y alimenta por medio de su actuación otros rituales y símbolos.

La participación de los héroes en el comité es de fundamental importancia para que el ritual sea completo.

A seguir, separé algunos puntos referentes a este elemento para su reflexión:

- ¿Cómo hace la organización para vivir la seguridad de una manera integral?

- ¿Cuál es la adherencia a seguridad en todos los niveles de la corporación?

- ¿Cómo es la toma de acción en seguridad? ¿Y el empoderamiento de las áreas?

- ¿Cuáles son los foros en los que seguridad es discutida dentro de la organización?

- ¿Cómo es la toma de decisión en seguridad?

- ¿Qué niveles y áreas participan de las discusiones y tomas de decisión?

- ¿Cómo es el proceso de prestación de cuentas del comité de seguridad?

Sustainable (5)

El comité pasa a conducir el planeamiento estratégico de seguridad de la unidad. Los temas son 360°. Las discusiones evolucionan a partir de indicadores proactivos. Existe un fortalecimiento de la reputación de seguridad debido a las demostraciones de compromiso visibles del comité, del cual el área de seguridad es un miembro.

El comité desafía a la organización a alcanzar y mantener la excelencia en seguridad.

Proactivo (4)

El comité pasa a ser administrado por diferentes áreas de forma rotativa. Las acciones que se discuten no se refieren solamente a la unidad, sino también al entorno, con el involucramiento de los stakeholders. Los KPI's discutidos son reactivos y proactivos. Los participantes son líderes del mediano liderazgo de todas las áreas de la unidad. Además, se forma un comité espejo con miembros del alto liderazgo, con una agenda específica de estrategia y táctica referente al fortalecimiento de la cultura de seguridad de la compañía.

El área de seguridad soporta técnicamente las discusiones.

Los funcionarios reconocen al comité que posee gran credibilidad dentro de la organización.

Burocrático (3)

El comité de seguridad está formado con un plan de trabajo y con agenda, pero administrado por el equipo de seguridad de la unidad. Los KPI's que son monitoreados están en la cúspide de la pirámide. Son discutidos temas de interés interno de la fábrica. Los participantes provienen del área operacional/industrial.

El comité no es conocido por los funcionarios y no posee actuación práctica. Las reuniones son largas y el resultado es de poco beneficio.

Reactivo (2)

Las reuniones entre el liderazgo de la unidad ocurren solo después de un accidente con pérdidas y daños. Todo el proceso lo coordina el equipo de seguridad. Cualquier interés disminuye cuando las cosas empiezan a mejorar/a normalizarse.

Las decisiones referentes a la agenda de seguridad acontecen entre los liderazgos y el equipo de seguridad.

Patológico (1)

No existe un comité del alto y mediano liderazgo y no se realizan reuniones estructuradas para fortalecer la Cultura de Seguridad y discutir acciones.

Para llegar al nivel sustentable, vea los **SIEMPRE** Y **NUNCA** recomendados.

SIEMPRE
Construya una reputación;
Tenga acciones específicas para los miembros del comité;
Cuente con la participación de los líderes de la organización/unidad;
Tenga una pauta definida;
Tenga reuniones que cumplan con el tiempo definido;
Sea un fórum tomador de decisión;
Enfoque en el planeamiento estratégico de seguridad;
Tenga un abordaje sistémico;
Escuche a la organización;
Reciba feedback sobre su actuación;
Preste cuentas a la unidad sobre los trabajos realizados;
Tenga una matriz disciplinaria para que los miembros gerencien sus faltas; y
Realice un análisis crítico de la performance de seguridad de la unidad.

NUNCA
Sea conducido por el equipo de seguridad;
Sea un fórum de constreñimiento, reactivo y de llamada de atención;
Discuta solamente indicadores reactivos;
Retrase la toma de decisión;
Deje de compartir/comunicar la toma de decisión;
Se quede remarcando reuniones;
Discuta solamente temas puntuales;
Permita que un único líder conduzca el comité;
Pierda la credibilidad del comité; y
Deje de tener un comité estratégico y táctico en la compañía.

8. Herramientas que salvan vidas

Es un elemento importante y fortalecedor de la cultura de seguridad utilizado por la organización, que reúne todo el herramental de checklists, inspecciones, reportes, análisis de riesgo y permisos.

Es responsable de diversos rituales de seguridad, tales como: permiso de trabajo, inspección de máquinas y equipamientos, entre otros.

Estos rituales materializan símbolos, que pueden ser identificados, tales como: Loto - Lockout & Tagout, EPP's, condiciones seguras, entre otros.

Los héroes poseen diversas herramientas que salvan vidas en su rutina de trabajo.

A seguir, separé algunos puntos referentes a este elemento para su reflexión:

☞ Las herramientas que salvan vidas, ¿son conocidas, confiables y utilizadas por toda a organización?

☞ ¿Nuestros funcionarios conocen el propósito de las herramientas que salvan vidas?

☞ ¿Se analiza la adherencia y la calidad del uso de las herramientas que salvan vidas?

☞ La organización se mantiene incomodada y se pregunta: ¿qué es lo que nuestras herramientas que salvan vidas pueden no estar viendo?

Sustainable

5

Existe un empoderamiento de las herramientas que salvan vidas. La mayor parte de las herramientas están concentradas en las etapas de planeamiento de las actividades. Hay un proceso de planeamiento completo con anticipación de problemas y con la revisión de los procesos. Hay menos papel, más pensamiento y el proceso es bien conocido y discutido. Los procesos son perfeccionados por los propios funcionarios y potencializados por el uso de tecnologías que mejoren el nivel de confiabilidad y la percepción de riesgo.

Proactivo

4

Las herramientas ahora son elaboradas por los dueños de las áreas, con involucración del área de seguridad como soporte. Las personas sienten las herramientas como salvavidas, siempre utilizadas en campo de acuerdo con el procedimiento. El objetivo es alcanzar los resultados/ la eficiencia que la herramienta puede rendir.

Las herramientas de seguridad están integradas en el planeamiento de la unidad. El liderazgo sabe que su participación e involucración con las herramientas constituye una capa de control para prevenir accidentes y por eso no dejan de demostrar un compromiso visible con el uso de las herramientas.

Burocrático

3

Se realiza un análisis de riesgo, se establecen los sistemas de permisos/liberaciones y otras herramientas de gestión de seguridad tales como checklists e inspecciones. El proceso depende del equipo de seguridad. Los aprobadores e involucrados no ven el valor y por eso, es realizado muchas veces de manera incoherente y no posee credibilidad dentro de la organización.

El número de informes se usa para mostrar que el sistema está funcionando, con énfasis en la cantidad de herramientas utilizadas. No existe un análisis cualitativo de las herramientas. Cuando acontecen los accidentes, hay cuestionamientos: "Dios mío… Pero tenemos tantas herramientas y hacemos tanto por la seguridad..."

Reactivo

2

Son implementadas herramientas preventivas solamente para las actividades preconizadas por ley. El responsable del proceso es el área de seguridad del trabajo.

Hay poca utilización sistémica de tales herramientas y la comunicación no es adecuada. La percepción es que está atrasando los procesos de la compañía.

Patológico

1

No existen herramientas que hagan la gestión de trabajos críticos, y la percepción parece no ser necesaria. El planeamiento del trabajo se concentra en la conclusión más rápida y barata.

"La creencia practicada entre los funcionarios es ¡Cuídese a sí mismo!"

Para llegar al nivel sustentable, vea los **SIEMPRE** Y **NUNCA** recomendados.

<table>
<tr><td align="center">SIEMPRE</td></tr>
</table>

- Busque herramientas simples y profundas que prevengan accidentes;
- Evalúe críticamente el desempeño de las herramientas y busque mejorías;
- Busque comprometer e involucrar al liderazgo en el uso y en la mejoría del desempeño de las herramientas;
- Vea que sean adecuadas al negocio (perfil de actividad);
- Tenga indicadores reactivos y proactivos sobre el desempeño de las herramientas;
- Evalúe la calidad del entrenamiento y uso de las herramientas;
- Verifique en campo la adherencia y comprensión de las herramientas;
- Realice benchmarking;
- Escuche a todas las áreas involucradas para garantir la credibilidad de las herramientas;
- Use el formato de herramientas piloto antes de la implementación de un cambio substancial; y
- Concentre la mayor parte de las herramientas en las etapas de planeamiento de los trabajos. Entendiendo que el acto de planear y ejecutar conforme planeado constituye una capa de control.

<table>
<tr><td align="center">NUNCA</td></tr>
</table>

- Deje la responsabilidad de utilizar y mantener las herramientas para el equipo de la seguridad;
- Burocratice el desarrollo de las actividades;
- Demuestre mayor importancia al papel que a las personas;
- Busque soluciones obsoletas;
- Enfoque en la cantidad y sí en la calidad;
- Elija herramientas que sean imposibles de utilizarse; y
- Falte con la comprensión de la importancia, razón y valor de existencia de cada una de las herramientas.

9. Reglas que salvan vidas

Las reglas que Salvan Vidas representan los límites de cuidado para con nuestros funcionarios. Deben ser establecidas a partir del historial de ocurrencias/accidentes de mayor severidad y riesgos eminentes presentes. Deben estar vinculadas a un programa de motivación progresiva, pues su incumplimiento puede generar pérdidas y daños de muy severo nivel y en este sentido el incumplimiento debe tener consecuencias.

Todas las reglas deben ser posibles de ser cumplidas y su divulgación precisa ser amplia, masiva y constante.

Son consideradas símbolos del cuidado en su mayor nivel.

A seguir, separé algunos puntos referentes a este elemento para su reflexión:

- ¿Cuáles son las reglas innegociables dentro de la organización, cuando se trata de seguridad?

- ¿Ellas están claras?

- ¿Están vinculadas a un modelo de motivación por la vida?

- ¿Los funcionarios comprenden el propósito de las reglas?

- ¿Está claro de dónde surgieron y por qué fueron escogidas?

- ¿Las reglas que salvan vidas son para todos los funcionarios, terceros y visitantes?

5 — Sustainable

Los funcionarios respetan las Reglas que Salvan Vidas y entienden la importancia del Programa de Motivación por la Vida. Los líderes interactúan con frecuencia con su equipo para testear su comprensión de las Reglas que Salvan Vidas. Además, hay una evaluación de la naturaleza de las violaciones/investigaciones vinculadas a las Reglas que Salvan Vidas para abordar cuestiones comportamentales.

4 — Proactivo

El liderazgo se siente parte integrante del proceso de gestión acompañando el cumplimiento de las reglas de oro y aplicando las medidas disciplinarias pertinentes. Las reglas atraviesan un proceso de cambio y enfoque de su entendimiento. Son humanizadas y pasan a llamarse Reglas que Salvan Vidas, constituyendo un acto de cuidado realizado por la organización, estableciendo los limites seguros para cualquier persona dentro de la unidad. Estas reglas siguen vinculadas a un proceso de motivación por la vida y son basadas en los accidentes catastróficos (serios de la Unidad) y los riesgos críticos, y son ampliamente divulgadas.

3 — Burocrático

Se realiza un estudio y las reglas de oro son establecidas. Hay un proceso de comunicación, con enfoque punitivo. El liderazgo no se siente responsable de garantir el cumplimiento de las reglas. Éstas son percibidas como reglas de la seguridad. Se aplican en su mayoría a terceros.

2 — Reactivo

Se comunican algunas reglas de manera informal y puntual, normalmente tras un accidente. Ningún proceso de análisis es realizado. Los funcionarios reconocen como regla el Código de Conducta de la Empresa.

1 — Patológico

No existen reglas de seguridad formalmente establecidas.

Para llegar al nivel sustentable, vea los **SIEMPRE** Y **NUNCA** recomendados.

<table>
<tr><td align="center">SIEMPRE</td></tr>
</table>

- Construya reglas a partir do historial de accidentes catastróficos y riesgos matadores de la unidad;
- Garanta comunicación y comprensión adecuada en todos los niveles de la organización;
- La implementación y revisión deben preceder a un período de adaptación;
- Verifique la comprensión de las reglas en toda la organización;
- Verifique la adherencia a las reglas;
- Aplique las reglas de manera justa e igual;
- Analice críticamente y defina jerarquías entre regla y acto faltoso;
- Actúe inmediatamente ante el incumplimiento; y
- Defina un período de revisión de las reglas que salvan vidas.

<table>
<tr><td align="center">NUNCA</td></tr>
</table>

- Construya reglas a partir de ocurrencias puntuales;
- Deje sobrentendidas las reglas;
- Establezca reglas que no puedan ser cumplidas;
- Establezca consecuencias diferentes para cada regla; y
- Negocie el incumplimiento de las reglas.

10. Motivación por la vida y el deber de rechazo

La motivación por la vida es un ritual progresivo, es un proceso de aprendizaje, donde reconocemos y recompensamos a los funcionarios y terceros que cumplen y se destacan por su comportamiento seguro. Y también asociado a este mismo elemento aplicamos consecuencias para aquellos que insisten en romper las reglas y cometen actos faltosos.

Los símbolos que materializan la motivación por la vida son artefactos provenientes del reconocimiento y recompensa, y también aquello que evidencia la consecuencia por la quiebra de las reglas.

Existe una rutina que involucra a los héroes en todo el ritual de motivación por la vida, iniciándose en los procesos de diseño de este programa y concretándose en los actos de reconocimiento, recompensa y en la aplicación de sanciones disciplinarias.

Con respecto al deber de rechazo es una herramienta reactiva, donde el funcionario precisa confiar en su liderazgo y en el cuidado practicado y percibido. Debemos fortalecer la seguridad, de manera que esta herramienta se vuelva obsoleta conforme vamos madurando en nuestra cultura de seguridad.

Separé algunos puntos a seguir para reflexionar sobre el uso de la motivación por la vida y el deber de rechazo:

☞ ¿Qué, quién y por qué reconocemos, cuando se trata de preservar vidas? La motivación, es importante decir, funciona dentro de un proceso de disciplina, no se resume a reconocer a quién actúa correctamente. Dar tarjetas amarillas y rojas para actos inseguros, es tan importante en la motivación como dar felicitaciones.

☞ ¿El proceso es percibido como justo e igual?

Sustainable

5

La organización entiende la importancia del programa de Motivación por la Vida y lo aplica con principios de justicia e igualdad. El Deber de Rechazo se torna obsoleto. Se entiende que el reconocimiento del buen desempeño en Seguridad es muy valioso y motiva a las personas sin que sea preciso recompensarlas de otras formas. El reconocimiento retroalimenta el plan profesional dentro de la organización.

Proactivo

4

La organización posee un comité e investiga todas las ocurrencias de quiebra de reglas reportadas. Hay que entender que las medidas disciplinarias no visan una punición sino un cuidado. El Deber de Rechazo se entiende y se utiliza como herramienta salvavidas. El buen desempeño de Seguridad es reconocido en las consideraciones para promoción. La evaluación de los funcionarios se basa en la ejecución de los procedimientos correctos y en la ocurrencia (o no) de incidentes. Algunas veces se usan prácticas de recompensa, sin embargo, esto no es una prioridad.

Burocrático

3

El Programa de Motivación Progresiva es comunicado y tiene efecto cascada. Se establece un comité para investigar y tratar las quiebras. Los desvíos son investigados, aunque aún existen dificultades en la aplicación de la gestión de consecuencias con principios de justicia e igualdad. El Deber de Rechazo es una herramienta temida. La aplicación de la gestión de consecuencias se concentra en terceros. Se comenta que el buen desempeño en Seguridad es muy importante. Se distribuyen premios en pro de la seguridad. Existen competiciones y juegos para agradecer el conocimiento sobre seguridad. Los indicadores de accidentes se usan para calcular el bonus.

Reactivo

2

El Programa existe, pero funciona con algunas advertencias formalizadas. Aún no ocurre de manera organizada, solo se trata de una respuesta a las ocurrencias que causaron pérdidas y daños severos. Los funcionarios que hacen uso del Deber de Rechazo son penalizados. No es común ofrecer recompensas por el buen desempeño. Se reducen los bonus cuando hay accidentes.

Patológico

1

No existen reglas ni directrices formales de seguridad y tampoco un modelo de disciplina/ gestión de consecuencias; además, no se reconoce el Deber de Rechazo. La práctica del reconocimiento tampoco es bien vista, al final, mantenerse vivo ya es una gran recompensa.

Para llegar al nivel sustentable, vea los **SIEMPRE** Y **NUNCA** recomendados.

SIEMPRE

- Tenga un portavoz que sea un importante ejecutivo de la compañía;
- Use principios de justicia e igualdad para permear todos los niveles de la organización;
- Use las fallas como oportunidades de aprendizaje;
- Tenga credibilidad;
- Forme un comité dentro de la unidad para evaluar individualmente las rupturas y fallas y conducir un proceso de investigación;
- Defina criterios simples y claros;
- Garanta comunicación en todos os niveles de la organización;
- Evalúe la responsabilidad del líder inmediato;
- Fortalezca la práctica del Deber de Rechazo, se trata de un acto de cuidado de preservación de la vida;
- Reconozca a los funcionarios que hacen la diferencia en la seguridad;
- Los programas de reconocimiento deben tener plazos cortos/corta duración;
- Los programas de reconocimiento deben estar vinculados con la performance reactiva y proactiva, y construidos como KPI's SMART;
- Ofrezca como recompensa al reconocimiento momentos de disfrute con la familia y amigos; y
- El alto liderazgo debe participar de las acciones de reconocimiento: entrega de certificados, almuerzos, presentaciones etc.

NUNCA

- Constriña a los involucrados;
- Trate como si fuera una punición;
- Sea reactivo;
- Analice los hechos de manera unilateral;
- Falte con la transparencia;
- Saque conclusiones precipitadas;
- Deje de oír a los impactados;
- Evalúe la responsabilidad solamente del funcionario que quebró las reglas;
- Deje de incluir los factores humanos dentro del análisis;
- Deje de aplicar medidas disciplinarias para el alto liderazgo;
- Implemente el programa de reconocimiento usando como criterios, indicadores reactivos;
- Permita que el programa de reconocimiento sea una acción aislada del área de seguridad; ¡nada de eso!, precisa tener relevancia dentro de la organización;
- Crea solo en el dinero. Los premios por más simples que sean precisan ser sinceros y genuinos;
- Trabaje solamente el reconocimiento y las recompensas individuales, involucre a todos con el objetivo de desarrollar el sentido de equipo; y
- Deje los criterios del programa de reconocimiento, subjetivos.

11. Gestión de Contratados y Visitantes

Los contratados y visitantes precisan ser influenciados por la cultura vivida en nuestra empresa, de manera que puedan comprender cómo su comportamiento seguro puede contribuir con toda la organización. Ambos grupos perciben la manifestación de la cultura de seguridad, por medio de los rituales, símbolos, actitudes y comportamientos de los héroes (contratantes) y por las prácticas de comunicación existentes.

Separé algunos puntos a seguir para reflexionar sobre la gestión de estos grupos dentro de la organización; entendemos que no podemos hacer diferencia en el tratamiento con contratados y visitantes.

☞ ¿Cuáles son los cuidados a tomar con nuestros contratados y con quien visita la organización?

☞ ¿Consigo transmitir a estas personas hábitos seguros?

☞ ¿Existe un desarrollo progresivo para los contratados fijos?

☞ ¿Existe un fórum de desarrollo, discusión y presentación de cuentas para os contratados?

☞ Los visitantes y contratados, ¿participan de nuestros rituales y consiguen percibir los símbolos de la Cultura de Seguridad?

☞ ¿Nuestros héroes incluyen en sus mensajes y acciones una direccional para Contratados y Visitantes?

Check out the main aspects of managing contractors and visitors in each type of culture:

Sustainable

5

Cuando la empresa terceriza, las áreas contratantes comprenden el valor del proceso de gestión de contratados. No se negocia el nivel ni la gestión de seguridad para os contratados. Se admite que el trabajo sea postergado hasta que los requisitos relacionados al sistema de seguridad sean alcanzados. Los procesos de gestión de contratados con la mejor performance se incorporan a un programa de reconocimiento. Los visitantes son integrados, se verifica su adherencia, son acompañados dentro de la organización y se solicitan sugerencias sobre cómo podemos mejorar la seguridad durante las visitas.

Proactivo

4

La organización posee un programa integrado entre la seguridad, el abastecimiento y las demás áreas contratantes. Cada uno entiende su papel y responsabilidad. El programa está vinculado al de motivación por la vida. La empresa contratada y las áreas contratantes comprenden la prioridad del proceso de la gestión de contratados. Su precalificación exige la evidencia de que existe un sistema de gestión de seguridad en funcionamiento. La compañía y las empresas contratadas realizan esfuerzos conjuntos en asuntos relacionados a seguridad, y la compañía auxilia en el entrenamiento de los contratados. Los visitantes son integrados, se verifica su adherencia y son acompañados dentro de la organización.

Burocrático

3

La organización posee un Programa de Gestión de Contratados incluyendo fijos y temporarios. El programa lo gerencia el área de seguridad compartiendo poco y con responsabilización del contratante. El programa es percibido como burocrático. Los terceros deben atender a los requisitos legales y de precalificación, con base en cuestionarios, indicadores y documentaciones. Los modelos de seguridad caen cuando ninguna empresa tercerizada consigue atender a esos requisitos. Los terceros deben empeñarse para estar a la altura de los patrones a través de sus propios medios. Los visitantes reciben orientación y son acompañados dentro de la unidad.

Reactivo

2

La gestión del sistema de seguridad de los contratados se torna importante tras un accidente. La cuestión más importante al seleccionar un proveedor de servicios es el precio, pero debe atender a un mínimo de requisitos legales, aunque el desempeño insatisfactorio en seguridad no traiga consecuencias en la selección de empresas tercerizadas. No está establecida ninguna práctica de seguridad para os visitantes, la obligación de dar las informaciones de seguridad es del área que los recibe.

Patológico

1

No hay ningún control de seguridad para contratados y visitantes en la unidad. Se espera que los contratados ejecuten sus tareas atendiendo al escopo y al menor costo. Los problemas relacionados a seguridad son de total responsabilidad de la empresa contratada. Ninguna práctica de seguridad existe para os visitantes.

Para llegar al nivel sustentable, vea los **SIEMPRE** Y **NUNCA** recomendados.

<table>
<tr><td colspan="2" align="center">SIEMPRE</td></tr>
<tr><td>🔓</td><td>El programa de gestión de contratados debe tener claridad en el papel y responsabilidad del área contratante del departamento de compras y del área de seguridad;</td></tr>
<tr><td>🔓</td><td>El programa de gestión de contratados debe cumplir con todas las etapas del PDCA y tener su análisis crítico realizado periódicamente;</td></tr>
<tr><td>🔓</td><td>Garanta que todos conozcan el programa de gestión de contratados;</td></tr>
<tr><td>🔓</td><td>Comparta lecciones aprendidas de este programa;</td></tr>
<tr><td>🔓</td><td>Influya positivamente a los contratados y visitantes con la adopción de prácticas de seguridad;</td></tr>
<tr><td>🔓</td><td>Escuche las sugerencias y recomendaciones de los contratados y visitantes;</td></tr>
<tr><td>🔓</td><td>Garanta la comunicación adecuada con los contratados en todas las etapas del programa; y</td></tr>
<tr><td>🔓</td><td>Trabaje la definición de un escopo que considere los riesgos asociados al trabajo y a las variabilidades que puedan ocurrir.</td></tr>
</table>

<table>
<tr><td colspan="2" align="center">NUNCA</td></tr>
<tr><td>🔒</td><td>Perciba la gestión de contratados y visitantes como burocrática y reactiva;</td></tr>
<tr><td>🔒</td><td>Deje la gestión solamente en las manos del área de seguridad;</td></tr>
<tr><td>🔒</td><td>Permita visitantes no instruidos y desacompañados;</td></tr>
<tr><td>🔒</td><td>Deje de cumplir con el programa;</td></tr>
<tr><td>🔒</td><td>Constriña a los contratados;</td></tr>
<tr><td>🔒</td><td>Sea injusto en la aplicación del programa y sus respectivos criterios;</td></tr>
<tr><td>🔒</td><td>Permita subjetividad en los criterios del programa;</td></tr>
<tr><td>🔒</td><td>Defina contratados solamente utilizando el criterio costo; y</td></tr>
<tr><td>🔒</td><td>Deje en abierto el programa de motivación progresiva, sin reglas, papeles, responsabilidades y penalidades.</td></tr>
</table>

12. Gestión de Cambio de Personas

Muchas veces el enfoque está en la gestión de cambio de áreas, máquinas, equipamientos, productos y herramientas, sin ver al funcionario dentro de este proceso. ¿Cómo la organización cuida a las personas en estas transiciones? Las atribuciones que precisa llevar a cabo para mantener la seguridad, de ella y de otros, ¿son de hecho desarrolladas?

La gestión de cambios constituye un ritual y no debe permear solamente las estructuras físicas y materiales, debemos considerar a las personas durante todas las etapas. Como símbolos que materializan el cuidado con la gente en los procesos de cambio, podemos evidenciar las condiciones ergonómicas, los certificados de capacitación que fueron ofrecidos. Los líderes (héroes) deben ser aquellos que impulsan que este proceso ocurra correctamente y cumpla con su papel.

Separé algunos puntos a seguir para reflexionar sobre cómo vivimos la gestión de cambio:

☞ ¿Qué entendemos como aplicable al ritual de gestión de cambio?

☞ ¿Quién puede abrir un proceso de gestión de cambio?

☞ ¿Cuáles son las áreas que están involucradas en la gestión de cambio?

Sustainable

5

El programa es conocido por todos los funcionarios, todos pueden iniciar un cambio; periódicamente se hace un análisis crítico. El acompañamiento de los cambios se realiza en el comité de seguridad. La adherencia y el beneficio de la gestión de cambios de personas es visible dentro de la organización.

Proactivo

4

El programa es actualizado; el foco y las tratativas no son solamente para cambios estructurales y tecnológicos, sino también pasa a considerar el cambio de las personas de manera formal. El alto liderazgo patrocina esta herramienta. Este programa está vinculado al plan profesional del elemento licencia para operar. El programa lo gerencia el dueño del cambio y cuenta con el soporte del comité de seguridad. La gestión de cambio se constituye en una competencia, que es parte integrante del elemento licencia para operar, para todos los funcionarios.

Burocrático

3

El Programa de Gestión de Cambios tiene efecto cascada para todo tipo de alteraciones. Se establecen papeles y responsabilidades. El programa lo gerencia el área de ingeniería compartiéndolo un poco con el departamento de seguridad y con recursos humanos. El énfasis del programa de gestión de cambios aún está en las alteraciones estructurales y tecnológicas; no se lo considera al funcionario dentro del proceso y por eso se genera mucho trabajo, y los proyectos normalmente exceden el presupuesto original.

Reactivo

2

No existe un programa estructurado de gestión de cambios. Para grandes cambios se realizan algunas acciones. Éstas son gerenciadas por el área de ingeniería y no están vinculadas a la matriz de licencia para operar. El área de seguridad se involucra después de que se implementa el cambio, con el objetivo de adecuarse a los requisitos legales aplicables.

Patológico

1

No existe un programa de gestión de cambios. Esto ni siquiera se cogita dentro de la organización.

Para llegar al nivel sustentable, vea los **SIEMPRE** Y **NUNCA** recomendados.

<table>
<tr><td colspan="2" align="center">SIEMPRE</td></tr>
<tr><td>🔓</td><td>Establezca un programa de cambio que considere estructura, condiciones físicas, tecnológicas y personas;</td></tr>
<tr><td>🔓</td><td>Comparta las lecciones aprendidas del proceso de gestión de cambio;</td></tr>
<tr><td>🔓</td><td>Garanta formación para que las personas puedan conducir y adherirse al programa de gestión de cambio;</td></tr>
<tr><td>🔓</td><td>Vincule el programa de gestión de cambios al programa permiso para operar y al plan profesional;</td></tr>
<tr><td>🔓</td><td>Haga accesible el programa de gestión de cambio a todos los funcionarios;</td></tr>
<tr><td>🔓</td><td>La gestión de cambio debe ser conducida por un equipo multidisciplinario;</td></tr>
<tr><td>🔓</td><td>El área de seguridad debe soportar técnicamente todos los cambios;</td></tr>
<tr><td>🔓</td><td>Garanta la comunicación masiva sobre el programa; y</td></tr>
<tr><td>🔓</td><td>Garanta simplicidad y agilidad al programa.</td></tr>
</table>

<table>
<tr><td colspan="2" align="center">NUNCA</td></tr>
<tr><td>🔒</td><td>Menosprecie los cambios;</td></tr>
<tr><td>🔒</td><td>Racionalice los peligros y riesgos advenidos de los cambios;</td></tr>
<tr><td>🔒</td><td>Crea que la gestión de cambio debe hacerse por el área de seguridad como "entidad";</td></tr>
<tr><td>🔒</td><td>Establezca criterios para la gestión de cambio basadas en indicadores reactivos.</td></tr>
<tr><td>🔒</td><td>Utilice el programa de gestión de cambio solamente para cambios de condiciones físicas, estructurales y tecnológicas;</td></tr>
<tr><td>🔒</td><td>Permita indefinición en los papeles y responsabilidades; y</td></tr>
<tr><td>🔒</td><td>Permita un programa de gestión unilateral, o sea, considerando solamente el aspecto seguridad.</td></tr>
</table>

13. Comprometimiento de funcionarios

Una forma certera de darse un tiro en el pie es ignorar lo que se les pasa por la cabeza a nuestros funcionarios. La cultura de seguridad es personal y cuando los funcionarios se abren para nuevas formas de ver y entender la seguridad, no es más posible volver al estado anterior en el que no había tal perspectiva. Si tomamos el ejemplo de la transformación de las crisálidas en mariposas, vemos que no son más capaces, de volver a sus formas físicas anteriores.

¿Cómo podemos comprometer a nuestros funcionarios en el real sentido y valor de la seguridad?

Nuestros esfuerzos precisan concentrarse en identificar las mentalidades y/o creencias limitantes para reformatearlas y/o volver a darles un significado adecuado para que la seguridad no sea reconocida por: Procedimientos, Reglas, EPP's etc. Seguridad significa cuidado. Yo preciso cuidarme. Yo preciso cuidar al otro. Yo preciso permitir que alguien me cuide.

Adicionalmente, entender que la misión de la seguridad es que el trabajador vuelva bien y entero a casa todos los días (con respecto a integridad física), y en el horario combinado.

A seguir, separé algunos puntos referentes a este elemento para su reflexión:

- ¿Los funcionarios entienden lo que significa seguridad? ¿Comprenden que seguridad no se traduce en normas, procedimientos y mucho menos en reglas, y se define por la práctica del cuidado?

- ¿Los funcionarios entienden la misión de la seguridad y comparten el aprendizaje fuera de la empresa?

- ¿Cuáles son las creencias limitantes predominantes de seguridad presentes en mi organización?

Sustainable — 5

Los niveles de compromiso y de cuidados son muy altos en todas las categorías. Son conducidos por funcionarios que muestran pasión por vivir de acuerdo con sus altos patrones personales de seguridad. Si alguien se lesiona, se considera una tragedia familiar. Los conceptos y las prácticas de seguridad ya se entienden como un valor y son llevados para fuera del ambiente de trabajo (familia y vida personal). Las familias son involucradas en el uso de las herramientas y en la implementación de buenas prácticas de seguridad. El objetivo de los funcionarios es influenciar a la comunidad en el entendimiento del valor seguridad.

Proactivo — 4

La fuerza de trabajo se siente orgullosa de su desempeño en la práctica de la seguridad como valor y lo quiere hacer aún mejor. Las personas se cuidan unas a otras y cuidan el medio ambiente. Las herramientas proactivas son conocidas y utilizadas por toda la fuerza de trabajo y por los contratados.

Los gestores tratan los conceptos y las prácticas de seguridad como prioridad, y existe un intento de humanización con énfasis en el comportamiento.

Aún existen oportunidades para el entendimiento de permitirse recibir cuidados y de que podemos estimular a nuestra comunidad de entorno en la práctica del cuidado.

Burocrático — 3

Los funcionarios están involucrados en el uso de las herramientas de seguridad, se forman grupos de trabajo para sistematizar las acciones y fortalecer la cultura de seguridad. Los funcionarios están de acuerdo en que toda esta gestión es importante, pero no siempre hacen todo lo que dicen. La percepción de los trabajadores es de que las reuniones o acciones de seguridad ofrecen una interacción limitada entre el mediano liderazgo y la operación, solo se realizan para el cumplimiento de la meta, con un énfasis exclusivo en reforzar lo que se precisa hacer en seguridad. Sienten que más vale parecer seguro, que serlo.

Reactivo — 2

El "cuídese a sí mismo" es la regla. Las declaraciones públicas sobre cuidar a colegas las hacen tanto la administración como la fuerza de trabajo, enseguida después de accidentes. Este énfasis desaparece tras un período de buen desempeño en seguridad. El cuidado lo conduce el equipo de seguridad con el objetivo exclusivo de atender a la legislación, y se lo considera una mera formalidad,

Patológico — 1

"¿A quién le importa la seguridad? ¡Ni hacemos nuestros exámenes médicos!" Los trabajadores se cuidan de forma individual y de acuerdo con su sentido común. El cuidado es visto como una pérdida de tiempo.

Para llegar al nivel sustentable, vea los **SIEMPRE** Y **NUNCA** recomendados.

<table>
<tr><td align="center">SIEMPRE</td></tr>
</table>

- Garanta que la comunicación sea en dos vías de forma simple y clara;
- Las acciones de comprometimiento y cuidado deben ser sensibles y humanizadas, precedidas de la práctica de la empatía;
- Dé feedback y muestre los resultados de las acciones con sus respectivos beneficios;
- Promueva como un eslabón de la seguridad la práctica del cuidado activo;
- Comprometa a los funcionarios para que entiendan su papel y responsabilidad y el valor del hacer con seguridad;
- Use los canales de comunicación para oír a los funcionarios y responder las solicitaciones recibidas;
- Chequee la adherencia y participación de la fuerza de trabajo en la práctica de la seguridad; e
- Involucre a la familia e influya con buenas prácticas de seguridad en el hogar y en la comunidad.

<table>
<tr><td align="center">NUNCA</td></tr>
</table>

- Permita que el compromiso se haga solamente por el área de seguridad;
- Promueva acciones de comprometimiento solamente tras ocurrencias de eventos graves;
- Utilice las prácticas que constriñan a las personas;
- Penalice a la persona por ejercer el cuidado con sus superiores; y
- Falte con credibilidad y transparencia en todos os procesos.

14. Observación Comportamental

¿Cómo transformar seguridad en relación? La organización observa cuáles son los comportamientos seguros e inseguros de sus colaboradores, para poder orientar y corregir los inseguros, además de promover un refuerzo positivo para el comportamiento ejemplar.

¿Todos comprenden que la observación comportamental no es sino una conversación estructurada de seguridad? ¿Entienden que esta charla incluye la práctica del ver y actuar, y también del cuidado activo? Además, ¿saben que todos pueden realizar una observación comportamental y en todos los niveles? ¿Se sienten todos confiables en la práctica del cuidado dentro y fuera de la organización?

La observación comportamental constituye un ritual que también puede ser visto y experimentado como herramienta para fortalecer la cultura de seguridad.

Los líderes deben mantener este ritual, que precisa ser accesible a toda la compañía.

Sustainable — 5

Todos los funcionarios pasan a ejecutar la observación comportamental. No existen metas. Todos comprenden los beneficios y el propósito de la observación comportamental como práctica del cuidado activo. Todos están aptos para cuidar y para permitirse recibir cuidado.

Proactivo — 4

Los líderes informales, los que integran una comisión para prevenir accidentes y los brigadistas, reciben el entrenamiento de observación comportamental y son reconocidos como observadores.

Las metas evolucionan para la calidad y no para la cantidad de observaciones. Todos comprenden el propósito y los beneficios de esta herramienta. La sistemática de observación se cruza entre las áreas. Existe un sistema de reporte y estratificación de los datos para la toma de decisión. Se realizan análisis de calidad, de manera a comprender las causas de los desvíos comportamentales.

Los funcionarios comienzan a entender y valorar la herramienta como práctica del cuidado y pasan a utilizar estos conceptos fuera de la empresa.

Burocrático — 3

Aquí se inicia la jornada de aplicación sistémica de la observación comportamental, los programas comportamentales tienen su punto de partida aún en tono de prioridad, y son apalancados por el liderazgo y por el equipo de seguridad. Ambos son entrenados. El propósito y los beneficios de esta herramienta todavía no están claros. Existen metas de cantidad de realización de la observación comportamental. Existe una estructura de reporte. Sin embargo, la herramienta es vista como punitiva y el funcionario observado se siente constreñido durante la observación. La mayor parte de las conversaciones son superficiales, pues el abordaje aún es de tipo robot.

Reactivo — 2

Se hace lo mínimo necesario para atender a los requisitos legales, esto no incluye observar el comportamiento.

La discusión sobre el comportamiento es reactiva y acontece siempre tras una ocurrencia seria.

Patológico — 1

No se realiza Observación Comportamental, esta herramienta es desconocida.

Las observaciones comportamentales informales cuando se realizan tienen un enfoque punitivo.

Para llegar al nivel sustentable, vea los **SIEMPRE** Y **NUNCA** recomendados.

SIEMPRE
El liderazgo debe patrocinar este programa;
Realice análisis de calidad de manera a garantir la comprensión de la causa del desvío comportamental;
Estratifique los datos generados en la observación comportamental;
Construya una relación de confianza con el observado;
Conduzca con empatía y de forma humanizada, fomentando el CUIDADO;
Conduzca la conversación a partir de una etapa de observación;
Cierre un compromiso con el observado;
Permita que el funcionario reflexione sobre los desvíos y la forma correcta de ejecutar la tarea;
Escuche al observado;
Entienda el por qué no realiza con seguridad la tarea;
Vaya con el observado a resolver el desvío;
Para trabajos en línea continua, se le debe comunicar al líder inmediato sobre la realización de la observación comportamental;
Reconozca una buena práctica cuando la identifique;
Explique lo que es la observación comportamental y la importancia de esta herramienta para fortalecer la cultura de seguridad;
Agradezca por el tiempo y la atención;
Esté enfocado en la observación y jamás divida su tiempo con otros asuntos; y
Use el darse la mano mirando a los ojos para garantir proximidad.

NUNCA
Corrija de inmediato al observado;
Constriña y/o imponga;
Levante la voz;
Puna ni aplique el programa de gestión de consecuencias;
Conduzca la observación y la conversación sin interrumpir las actividades del Observado;
Mezcle asuntos de orientación de seguridad con temas productivos, vacaciones etc.;
Permita que o trabajador continúe ejecutando la tarea después de la observación, sin corregir el desvío;
Deje de conectar con el valor de la vida del observado;
Llene el formulario durante la observación comportamental;
Exponga al observado ante su líder y sus colegas;
Utilice el celular durante la observación y/o cualquier herramienta de distracción; y
Trabaje solamente con metas de cantidad de observación.

15. Auditoría

Las Auditorías son consideradas como rituales de aprendizaje y no deben ser anunciadas, para que cumplan con su ciclo completo de evaluación.

Los héroes deben ser los protagonistas durante las auditorías mostrando la práctica del liderazgo en seguridad y buscando aprender de casos externos, para que su aprendizaje y las realidades de seguridad puedan expandirse.

A seguir, separé algunos puntos referentes a este elemento para su reflexión:

☞ ¿La organización aprovecha lo que una auditoría ofrece, para aprender lo que el mercado viene haciendo en seguridad?

☞ ¿Usa esta información como autocrítica y oportunidad de mejoría constante?

☞ ¿Las auditorías pueden ser anunciadas o no anunciadas?

☞ ¿Las auditorías son bienvenidas y sirven como oportunidad de mejoría?

Sustainable

5

Los aspectos culturales relacionados al sistema de seguridad están integrados a la organización. Los análisis críticos son incorporados y se comparten con todo el negocio, no siendo realizados solo en los sistemas de gestión sino también en los aspectos comportamentales. El 25% de la fuerza de trabajo es del auditor interno, todos saben su papel y responden a una auditoría. Estas auditorías siguen aconteciendo de manera no anunciada.

Proactivo

4

La organización entiende el propósito de las auditorías que ocurren en formato no anunciado. Todo el proceso de auditoría está gerenciado por el dueño de la unidad. Los resultados son evaluados críticamente, se implementan acciones y las lecciones aprendidas tienen efecto cascada. Los resultados son comunicados a todos.
El 10% de la fuerza de trabajo corresponde a auditores internos, todos saben su papel y responden en una auditoría.
Las auditorías confirman la eficiencia y la eficacia del sistema de gestión implementado, no siendo más la principal herramienta impulsadora de mejorías de seguridad. Los análisis críticos son integrados y se comparten con todo el negocio. Comienzan a medirse los aspectos culturales.

Burocrático

3

la organización posee un sistema de gestión con auditorías estructuradas y auditores internos formados. El foco es atender las metas; se anuncian las auditorías y existe una preparación grande para que todo ocurra dentro de lo aceptable. Los resultados se comunican a todos.

El análisis crítico no se realiza de manera que integre la seguridad en todas las fases del negocio. Lo importante es "pasar" en la auditoría.

Reactivo

2

El proceso lo gerencia el área de seguridad. Las auditorías son anunciadas y hay una preparación grande para que todo acontezca dentro de lo planeado. Existe un cumplimiento forzado de los requisitos legales durante las inspecciones de seguridad. Las auditorías y las certificaciones se realizan de acuerdo con las demandas de los stakeholders. "El objetivo principal es pasar en la auditoría y/u obtener el certificado".

Patológico

1

La organización no posee un proceso estructurado de auditoría interna y externa. Esto no se considera importante.

Para llegar al nivel sustentable, vea los **SIEMPRE** Y **NUNCA** recomendados.

SIEMPRE

🔓 Forme auditores internos en todas las áreas, de manera que alcance el 25% del total de empleados como auditores internos, y se propague el sentido de dueño y la claridad de Papeles & Responsabilidades;

🔓 Tenga un proceso de comunicación fluido con la unidad;

🔓 Comparta las lecciones aprendidas;

🔓 Realice un análisis crítico del proceso de auditoría;

🔓 Recicle con entrenamientos prácticos y teóricos la formación de auditores internos; y

🔓 Opere diariamente como si recibiese a una auditoría.

NUNCA

🔒 Permita solamente auditorías anunciadas;

🔒 Permita que los auditores internos sean solamente los miembros del departamento de seguridad;

🔒 Acepte la percepción de que una auditoría es pura burocracia;

🔒 Permita que sea punitiva; y

🔒 Se prepare con mejorías que pasen el mensaje: "Solo hacemos esto, porque vamos a tener auditoría."

16. Benchmarking

El Benchmarking es un ritual de aprendizaje, fortaleciendo la máxima que dice que no debemos aprender solamente con los errores, debemos aprender con quien lo está haciendo bien y está caminando rumbo a la excelencia.

Los héroes son protagonistas en la conducción de este ritual.

A continuación, separé algunos puntos para que reflexionemos sobre este elemento y su dimensión dentro de las organizaciones:

☞ ¿La organización conversa con el mercado sobre seguridad?

☞ ¿Cuánto aprende con él?

☞ ¿Existe una sistemática de intercambio con el mercado que va más allá de los indicadores reactivos de la gestión de seguridad?

Sustainable

5

La organización posee las mejores prácticas de benchmarking. El programa está definido y los desafíos son frecuentes. Las prácticas engloban diversos sectores. Se establecen KPI's y los resultados son gerenciados.

Todos los niveles de la organización están involucrados en la identificación de puntos de acción para mejoría.

Existe una envolvente comunicación sobre el tema y su aprendizaje. La Compañía percibe un alto valor agregado a la marca por sus esfuerzos en mantener las mejores prácticas en seguridad.

Proactivo

4

El programa existe y está vinculado al planeamiento estratégico, teniendo como fortaleza la realización y la participación sectorial. Posee periodicidad definida. La comunicación es actual y comprometedora. KPI's son establecidos y los resultados gerenciados. La organización intenta ser la mejor de la industria. Las lecciones aprendidas tienen efecto cascada.

Burocrático

3

Existe un programa de benchmarking, pero no está estructurado, funciona para atender solo a la demanda del alto liderazgo, sin vínculo con el planeamiento estratégico de seguridad. Existe poca comunicación y resultados. El foco está en los problemas actuales que pueden ser mensurados de forma objetiva y ser resumidos usando números. No se generan lecciones aprendidas y no se implementan acciones envolventes.

Reactivo

2

Existe un programa de benchmarking para finanzas y producción. Algunos informes y números de seguridad se comparan internamente.

Patológico

1

No existe práctica de benchmarking. Este proceso no es considerado necesario.

Para llegar al nivel sustentable, vea los **SIEMPRE** Y **NUNCA** recomendados.

<table>
<tr><td colspan="2" align="center">SIEMPRE</td></tr>
<tr><td>🔓</td><td>Tenga un programa de benchmarking estructurado;</td></tr>
<tr><td>🔓</td><td>Vincule este programa al planeamiento estratégico;</td></tr>
<tr><td>🔓</td><td>Tenga KPI's que midan el desempeño y la adherencia de las prácticas compartidas en el benchmarking;</td></tr>
<tr><td>🔓</td><td>Participe compartiendo y aprendiendo;</td></tr>
<tr><td>🔓</td><td>Garanta la confidencialidad de las informaciones;</td></tr>
<tr><td>🔓</td><td>Comparta las lecciones aprendidas; y</td></tr>
<tr><td>🔓</td><td>Mida la adherencia a las prácticas provenientes del benchmarking.</td></tr>
</table>

<table>
<tr><td colspan="2" align="center">NUNCA</td></tr>
<tr><td>🔒</td><td>Participe pasivamente;</td></tr>
<tr><td>🔒</td><td>Falte con la transparencia;</td></tr>
<tr><td>🔒</td><td>Trabaje de manera no estructurada, sin tener claro lo que se está buscando;</td></tr>
<tr><td>🔒</td><td>Deje de comunicar los resultados de las prácticas de benchmarking;</td></tr>
<tr><td>🔒</td><td>Deje de realizar benchmarking;</td></tr>
<tr><td>🔒</td><td>Busque benchmarking solamente a partir de temas reactivos;</td></tr>
<tr><td>🔒</td><td>Deje de aprender y mejorar continuamente sus procesos; y</td></tr>
<tr><td>🔒</td><td>Se permita aprender solamente con los errores y las prácticas que no resultaron.</td></tr>
</table>

17. Reporte de Ocurrencias

Los reportes son rituales en los que todos son protagonistas y pueden salvar una vida.

Es preciso considerar el reporte de ocurrencias como un acto de cuidado.

A seguir, separé algunos puntos referentes a este elemento para su reflexión:

☞ ¿Todo tipo de ocurrencia es realmente reportada?

☞ ¿Los funcionarios entienden la importancia del reporte para que se le dé la tratativa correcta al episodio y para que la repetición de estas ocurrencias sea evitada?

☞ ¿Los funcionarios están comprometidos y sienten confianza en el proceso?

☞ Dada la situación, ¿es el entendimiento del reporte lo que vamos a tratar, o vamos a buscar un culpable?

☞ ¿Nuestro ambiente de trabajo es seguro para trabajar y sobre el que hablar (reportar)?

5 — Sustainable

Todos los funcionarios tienen acceso y usan activamente las informaciones generadas por los reportes de ocurrencias.

El enfoque está en el reporte proactivo tratando del desvío comportamental. Los análisis de tendencia apuntan acciones sistémicas e inmediatas.

Hay una alta confianza y compromiso en el uso de los reportes. Uno cuidando al otro.

4 — Proactivo

Las personas pasan a reportar todas las ocurrencias (reactivas y proactivas). Se hace un análisis de tendencias y se entra en acción. Se busca la causa raíz. Existen metas de calidad y un acompañamiento a las recomendaciones. Todos los miembros de la organización están aptos para reportar y entienden el valor del informe.

Todo el proceso lo gerencia el Comité de Seguridad y los datos alimentan el Planeamiento Estratégico de la Compañía.

3 — Burocrático

Se establece un sistema de reporte de ocurrencias, que considere todos los accidentes, casi accidentes y condiciones inseguras. La cantidad de informes es lo que cuenta. Se establecen metas para la cantidad de reportes. Todo el proceso lo gerencia el departamento de seguridad del trabajo. El liderazgo y el equipo de seguridad hacen la mayor parte de los reportes. Los funcionarios aún no se adhirieron al uso de la herramienta, pues consideran el proceso poco transparente en lo que se refiere a las tratativas.

2 — Reactivo

No existe un sistema formal.
Las ocurrencias con daños físicos graves y daños a la propiedad son reportadas y estas ocurrencias son mínimamente investigadas.
Los funcionarios sienten miedo de reportar algo porque piensan que serán punidos.

1 — Patológico

Las ocurrencias no se reportan. Las personas que traen ocurrencias son penalizadas y se las considera incompetentes.

Para llegar al nivel sustentable, vea los **SIEMPRE** Y **NUNCA** recomendados.

<table>
<tr><th colspan="2">SIEMPRE</th></tr>
</table>

- Reporte todas as ocurrencias;
- El proceso puede ser gerenciado por seguridad, pero los dueños de las áreas son los responsables de potencializar su uso;
- Realice un análisis cualitativo de los informes;
- Mantenga una comunicación actualizada de los resultados;
- Céntrese en la calidad de los reportes;
- Investigue todas las ocurrencias;
- Busque soluciones tecnológicas para potencializar el uso de la herramienta;
- Mantenga procesos de alta credibilidad;
- En las tratativas busque la causa raíz;
- Refuerce la cultura del reporte;
- Potencialice el foco en el reporte de ocurrencias proactivas (desvíos comportamentales); y
- Entrene a los funcionarios para que entiendan la importancia, el por qué reportar, y cuál es el valor del reporte.

<table>
<tr><th colspan="2">NUNCA</th></tr>
</table>

- Inserte solo metas de cantidad;
- Penalice a las personas que reportan;
- Investigue solamente las ocurrencias graves;
- Oculte las informaciones;
- Deje de dar feedback;
- Deje de transformar los reportes en acciones y conocimiento práctico para todos en la organización; y
- Permita que solamente el liderazgo y el área de seguridad reporten ocurrencias.

18. Investigación de Ocurrencias

La investigación de ocurrencias es un ritual reactivo y debe poseer un equipo entrenado que conduzca el proceso.

Los héroes precisan ser responsabilizados y su comportamiento debe ser investigado.

El símbolo principal de una investigación es el aprendizaje puesto en práctica para que se eviten eventos repetidores.

A seguir, separé algunos puntos referentes a este elemento para su reflexión:

☞ ¿Todo tipo de ocurrencia es realmente investigado?

☞ ¿Cómo acontece la investigación?

☞ ¿Quién la lidera? ¿Quién está involucrado en ella?

☞ ¿Cuándo entendemos que la investigación de la ocurrencia está finalizada? ¿Cómo es el proceso de aprendizaje después de una ocurrencia?

Sustainable

5

Se realizan mejorías que incrementan con el objetivo de garantir que el ritual sea completo y que el aprendizaje genere una transformación y un fortalecimiento en la Cultura de Seguridad. El proceso lo conduce el equipo multidisciplinario de manera cruzada e independiente. La investigación lleva en consideración el historial de las ocurrencias internas y externas; los planes de acciones son transversales, agregando innovación y optimización. Las lecciones aprendidas son ampliamente divulgadas. El liderazgo directo relacionado al área de la ocurrencia actúa proactivamente recayendo sobre sí la responsabilidad de lo que podría haber hecho diferente para evitar que el accidente aconteciera.

Proactivo

4

Se empodera al liderazgo y éste asume su papel en la investigación de las ocurrencias. Se encuentra la causa raíz a partir de un profundo análisis de los gatillos comportamentales y de las fallas de gestión. El líder inmediato pasa a ser investigado y responsabilizado.

El área de seguridad soporta técnicamente la investigación. Las lecciones aprendidas son divulgadas, pero sin criterio, y algunas áreas pueden no recibir la comunicación.

Burocrático

3

Todas las ocurrencias reportadas son investigadas por el área de seguridad. Las lecciones aprendidas se desarrollan y se comunican solamente en caso de accidentes de alto potencial e impacto con pérdidas y daños. Las acciones correctivas se concentran en entrenamientos y procedimientos. Existe una tendencia a definir siempre la causa raíz como un desvío comportamental y nunca involucrar y responsabilizar al líder inmediato.

Reactivo

2

El área de seguridad investiga las ocurrencias de alto potencial que hayan causado pérdidas y daños. Existe temor al reportar accidentes e incidentes, pues el foco de la investigación es encontrar culpables. No existe un proceso para generar lecciones aprendidas a partir de las investigaciones.

Patológico

1

Las ocurrencias no son investigadas ni reportadas.

Para llegar al nivel sustentable, vea los **SIEMPRE** Y **NUNCA** recomendados.

SIEMPRE

- Con información previa, comunique a todos los involucrados, conforme el flujo y patrón de comunicación;
- Practique la escucha activa de todos los involucrados;
- Realice la investigación con un grupo multidisciplinario;
- Reconstruya los hechos;
- Entreviste y construya el mapa de empatía;
- Conduzca el proceso con imparcialidad;
- Busque los gatillos comportamentales tras encontrar el comportamiento inseguro;
- Chequee la efectividad de todas las medidas implementadas;
- Construya la lección aprendida y divúlguela para toda la organización;
- Investigue todas las ocurrencias, independientemente del nivel de su clasificación; y
- Garanta que las personas involucradas en el proceso de investigación estén entrenadas.

NUNCA

- Busque culpables;
- Constriña a los involucrados;
- Sea reactivo;
- Analice los hechos de manera unilateral;
- Crea que solamente las ocurrencias que causaron daños severos merecen ser investigadas;
- Deje que los profesionales del área de seguridad conduzcan o presenten una investigación (Eso es de responsabilidad del Dueño del Área);
- Deje de comunicar la ocurrencia, la lección aprendida y las acciones que abarca;
- Permita que el líder inmediato conduzca la investigación de su funcionario;
- Saque conclusiones precipitadas;
- Deje de oír a los impactados;
- Concluya sin hacer el análisis de riesgo de la tarea;
- Deje de incluir los factores humanos;
- Deje de investigar la responsabilidad del líder inmediato en la ocurrencia;
- Deje de consultar historiales de ocurrencias internas y externas que sean similares; y
- Divulgue las lecciones aprendidas de forma puntual y aislada.

19. Emergencias

El preparo para atender emergencias es una capa de defensa dentro de las jerarquías de control. Este preparo reúne prácticas que se encuentran en los símbolos y rituales, tales como: simulacros de emergencia y toda la rutina de trabajo hecha con los brigadistas.

Los héroes de la organización son los apoyadores y siempre desafían los escenarios de emergencias existentes.

A seguir, separé algunos puntos para que reflexionemos sobre el tema:

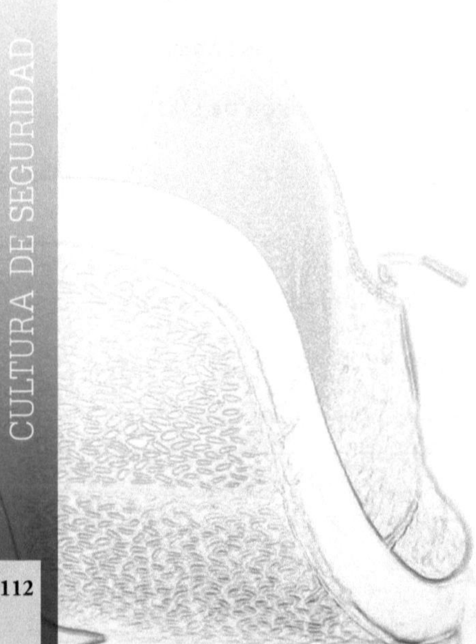 ¿Los funcionarios conocen los posibles escenarios de emergencia y cómo actuar durante las posibles ocurrencias?

¿La toma de decisión del negocio posee criterios claros para implementar en relación con inversiones y mantener las medidas y acciones de contingencia?

Sustainable

5

Se realizan innovaciones que incrementan. Dentro de la unidad el 80% de los funcionarios y todo el liderazgo ya fueron entrenados y fueron miembros de la brigada de emergencia. Todo el mediano liderazgo del sitio es brigadista.

La comunidad del entorno es influenciada por la gestión y preparación para las emergencias. El comité de emergencias es un fórum muy activo y sus acciones trascienden los portones de la fábrica.

Proactivo

4

El programa de preparación y respuestas para emergencias es ampliamente divulgado, se priorizan las inversiones y se implementan de acuerdo con la matriz de riesgo. Existe un comité de emergencias que se reúne con una periodicidad definida para rediscutir los escenarios. Hay un proceso de comunicación estructurado. El mediano liderazgo compone en un 25% la brigada de emergencia de la unidad.

Burocrático

3

El equipo de seguridad en conjunto con manutención, ingeniería y el liderazgo del sitio, desarrolla un programa de preparación y respuestas para emergencias; se discuten los escenarios y se implementan medidas. No obstante, los brigadistas y la línea de frente operacional no están involucrados. El proceso no posee estructura para comunicación. El mediano liderazgo no forma parte de la brigada de emergencias. Las capacitaciones y las reuniones con los brigadistas no están en el acuerdo con el programa de preparación y respuestas para emergencias, y se tratan en paralelo.

Reactivo

2

Existe un equipo de brigadistas formados y se implementa la atención a los requisitos legales locales relacionados a la prevención y al combate de emergencias; sin embargo, el foco son las emergencias que puedan resultar en incendios y explosiones.

Patológico

1

No existe ningún sistema de preparación y respuesta para emergencias desarrollado e implementado dentro de la organización.

A empresa posee un proveedor tercerizado que puede actuar para contener un incendio.

Para llegar al nivel sustentable, vea los **SIEMPRE** Y **NUNCA** recomendados.

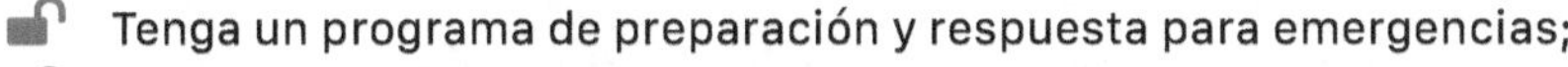

SIEMPRE
Tenga un programa de preparación y respuesta para emergencias;
Cuente con la participación del alto y mediano liderazgo;
El alto y mediano Liderazgo debe tener formación de brigadista;
El programa de preparación y respuesta a emergencias debe ser construido por un equipo multidisciplinario;
Tenga un comité de emergencias con reuniones periódicas;
Actualice y pruebe escenarios de emergencias;
Tenga una matriz de decisión de simple entendimiento;
Construya la atribución de emergencia en toda la organización;
Invierta en acciones mitigativas; y
Comunique masivamente.

NUNCA
Desarrolle un programa de preparación y respuestas para emergencias, a partir de ocurrencia reactivas;
Neglija el entrenamiento;
Racionalice escenarios de emergencias posibles, en función de desconocer sus ocurrencias;
Deje que el programa sea de responsabilidad del área de seguridad;
Desarrolle el plan de manera unilateral; y
Deje de involucrar a todas las áreas y actúe de manera multidisciplinaria.

20. Comunicación en Seguridad

Las prácticas de comunicación en seguridad deben ser transversales y permear todos los niveles de la organización, incluyendo todos los rituales y símbolos.

Se constituye en gran apoyador de los héroes en la misión de inspirar, comprometer y de dar un nuevo significado a seguridad como valor dentro de la organización.

A seguir, separé algunos puntos referentes a este elemento para su reflexión:

☞ ¿Cómo, para quién y con qué frecuencia se hace la comunicación sobre seguridad?

☞ ¿Qué comunicamos?

☞ ¿Quién es el Portavoz?

☞ ¿Qué canales de comunicación utilizamos más?

☞ ¿Qué tipo de mensaje sobre seguridad les entregamos a nuestros colaboradores?

Sustainable

5

La comunicación pasa a ser integrada, donde la seguridad compone el mensaje central del negocio. Existe un calendario estructurado del programa de comunicación.

El plan de comunicación extrapola los límites de la organización. Los funcionarios participan activamente de los canales y evalúan como útiles los contenidos compartidos.

Proactivo

4

Los portavoces trabajan en un proceso de comunicación bidireccional sobre cuestiones relacionadas al sistema de seguridad en el local de trabajo. Existe un calendario estructurado. Este plan gana espacio y cuerpo en todos los medios, y alcanza a toda la organización con mensajes preventivos y también reflexivos referentes a ocurrencias internas visando el aprendizaje.

Burocrático

3

Se desarrolla un plan en conjunto con el área de comunicación analizando todos los canales, también los públicos. Se elabora un plan mínimo de comunicación con foco en el área operacional/ productiva.

La organización define quiénes son los portavoces de seguridad. El proceso es una vía de mano única de poca o casi ninguna escucha intencional.

Reactivo

2

El alto liderazgo comunica los temas seleccionados de manera reactiva, tras las ocurrencias.

Patológico

1

No se realiza ninguna comunicación en seguridad.

Para llegar al nivel sustentable, vea los **SIEMPRE** Y **NUNCA** recomendados.

<table>
<tr><td align="center">SIEMPRE</td></tr>
</table>

- El mensaje de seguridad precisa ser interesante, con mucha claridad y simplicidad;
- Construya un diagnóstico de los canales de comunicación usados por la compañía (público blanco, canal, lenguaje y periodicidad);
- Establezca un plan de comunicación con frecuencia/contenido;
- Elija a un portavoz que transmita credibilidad al hablar de seguridad, que sea un líder inspirador;
- Garanta que la comunicación sea bilateral;
- Busque sinergia con la estrategia y canales del negocio;
- Invierta en una comunicación simple, clara, sensible y adecuada al público;
- Incluya en la comunicación todos los elementos de cultura humanizada;
- Humanice la comunicación, permita que las personas se encuentren en las historias comunicadas;
- Coloque la seguridad en el centro de la vida de las personas;
- Provoque la empatía e inspire a las personas;
- Despierte la motivación intrínseca de la gente;
- Los portavoces deben poseer un mensaje genuino sobre seguridad;
- El mensaje de seguridad precisa ser interesante, con mucha claridad y simplicidad; y
- Establezca que conversen con la matriz de aprendizaje en el planeamiento de las campañas KPI's de adherencia.

<table>
<tr><td align="center">NUNCA</td></tr>
</table>

- Comunique de forma reactiva;
- Permita tener un programa de seguridad silencioso;
- Hable de seguridad de manera aislada;
- Trabaje la comunicación en olas y deje que sea percibida como "moda";
- Deje de establecer un portavoz;
- Comunique para constreñir;
- Haga una comunicación burócrata ni mandataria; y
- Deje de quedar atento al lenguaje y a la forma, la comunicación precisa ser comprendida.

21. Conduciendo con excelencia

Los elementos incontrolables relacionados a accidentes están en el tránsito, y es preciso desarrollar hábitos seguros en las personas que frecuentan el tránsito dentro de la organización.

Las organizaciones precisan internalizar una agenda de cuidado específico, relacionada a este tema que de manera transversal converse con el modelo de maduración de cultura.

Sustainable

5

El programa de Conducción Segura es ofrecido a todos los funcionarios y a sus familias. Se considera como un beneficio de la seguridad y como algo social. La organización presenta 3 años consecutivos de reducciones significativas en la performance de seguridad vehicular, incluyendo el Cero Fatalidades.

La empresa invierte en tecnologías y en estudios que contribuyan para mejorar el comportamiento del conductor y en la percepción de riesgo.

Proactivo

4

Existe un programa que atiende a quien maneja hasta un 20% durante una jornada. La gestión se hace por la seguridad. Todo el liderazgo está comprometido. KPI's reactivos y proactivos, fueron establecidos. La comunicación entre los participantes es intensa. Tiene un foco educativo. En este nivel ya se utilizan herramientas como Coaching Behind the Wheel; hay un análisis de riesgo de las rutas, y de conductores críticos a partir de la evidencia de riesgos psicosociales. El liderazgo de las áreas con conductores son los embajadores de las herramientas y están aptos para utilizarlas.

Burocrático

3

Existe un programa vehicular centrado en entrenar y que atiende solamente a quien maneja igual o más del 60% de la jornada. El programa lo gerencia el área de seguridad. Hay poca comunicación. KPI's reactivos son establecidos. Tiene un foco punitivo. Además, la percepción de los mensajes recibidos a partir del programa de seguridad vehicular es que la carga y la marca de la compañía expuestas en el transporte tienen más importancia que la vida del chofer.

Reactivo

2

Las ocurrencias vehiculares graves son tratadas y algunas acciones se implementan de manera reactiva, siempre conducidas por el área de seguridad. No existe ningún sistema estructurado de reporte de ocurrencias de tránsito. Ningún canal de comunicación explota el enfoque de la seguridad vehicular.

Patológico

1

No existe un programa estructurado para los riesgos provenientes del tránsito.

Para llegar al nivel sustentable, vea los **SIEMPRE** Y **NUNCA** recomendados.

<table>
<tr><td align="center">SIEMPRE</td></tr>
</table>

- Establezca un programa de conducción segura a partir del análisis de riesgo de las rutas, de los conductores y actividades;
- Ofrezca un programa de conducción segura para todos los funcionarios;
- Establezca KPI's reactivos y proactivos;
- Permítase multiplicar las lecciones aprendidas;
- Garanta una comunicación clara y simple;
- Establezca un patrocinador como siendo un líder de la organización;
- Presente los beneficios y el valor que un programa de seguridad tenga una marca social fuerte;
- Establezca un programa de reconocimiento buscando inspirar y comprometer;
- Innove y busque tecnologías que soporten proactivamente la evolución del programa, por ejemplo, el uso de telemetrías;
- Incluya a la familia e influencie a la comunidad con hábitos seguros en el tránsito;
- Garanta que el liderazgo esté entrenado para ser el embajador de las herramientas y hábitos de conducción segura; y
- Garanta que cada líder aplique con sus funcionarios el Coaching Behind the Wheel (Entrenamiento detrás de la rueda), por lo menos 1 vez por año.

<table>
<tr><td align="center">NUNCA</td></tr>
</table>

- Ofrezca un programa que tenga una percepción punitiva;
- Deje de involucrar y comprometer al liderazgo;
- Deje de identificar a los conductores críticos a través de evaluaciones psicosociales;
- Permita que el programa sea visto como una iniciativa de seguridad más;
- Crea que el aprendizaje solo puede provenir de lecciones y ocurrencias, trabaje el aprendizaje proactivo;
- Deje de educar, encorajar e inspirar a los participantes;
- Deje de evaluar la adherencia al aprendizaje por medio do "coaching behind the wheel";
- Deje de realizar la gestión de cambio de rutas a partir de los riesgos críticos evidenciados en los análisis; e
- Deje de escuchar a los conductores.

22. Revisión de Performance y Mejoría Continua

La revisión de performance y el objetivo de la mejoría continua es un ritual de reflexión, aprendizaje y toma de acción. Los héroes deben estimular este proceso en la búsqueda por la excelencia en seguridad.

Para reflexionar, separé algunos puntos a continuación:

- ¿Se hace un análisis crítico cuando se miran los indicadores de seguridad?

- ¿Qué es lo que consideramos como entrada para la revisión de performance?

- ¿Cuál es la sistemática de revisión de performance? ¿Quién participa?

Sustainable

5

Se conduce el proceso de manera independiente en busca de la mejoría y la excelencia en la Cultura de Seguridad. Todos los involucrados entienden su papel y su responsabilidad, y actúan como "dueños" tratando de construir un proceso de aprendizaje continuo. La retroalimentación considera inputs advenidos de la comunidad, del sector y hasta incluso de las familias de los funcionarios. La periodicidad es semestral.

Proactivo

4

El proceso de revisión lo gerencia el equipo de seguridad y lo lideran el alto y el mediano liderazgo de la unidad. Se establecen KPI's proactivos y reactivos que conversan con el planeamiento estratégico de la unidad. Los resultados son ampliamente comunicados. La Revisión de Performance & Mejoría Continua es retroalimentada por los estudios de clima y cada 3 años por el diagnóstico de la Cultura de Seguridad. La periodicidad de la revisión de performance es anual.

Burocrático

3

Existe un proceso estructurado de revisión de la performance, con énfasis en la mejoría continua y el fortalecimiento de la Cultura de Seguridad. Todo el proceso lo desarrolla el equipo de liderazgo de la unidad por medio del comité de seguridad. Los KPI's establecidos no están vinculados a ningún otro programa de performance de la organización. La retroalimentación del proceso no está estructurada. El procedimiento se comunica entre los líderes y el equipo de seguridad. Los resultados encontrados no evolucionan dentro de la organización y quedan acomodados en planes de acción que caminan muy despacio.

Reactivo

2

No existe un proceso estructurado de Revisión de Performance & Mejoría Continua de la Cultura de Seguridad. Algunas acciones se realizan puntualmente por demandas específicas de los stakeholders.

Patológico

1

No se realiza el proceso de revisión de la performance de seguridad y no existe un foco en la mejoría continua.

Para llegar al nivel sustentable, vea los **SIEMPRE** Y **NUNCA** recomendados.

<table>
<tr><td colspan="2" align="center">SIEMPRE</td></tr>
<tr><td>🔓</td><td>Establezca un proceso de revisión de performance y mejoría continua que converse con su planeamiento estratégico;</td></tr>
<tr><td>🔓</td><td>El proceso de revisión de performance y mejoría continua debe ser retroalimentado por la investigación de clima, y cada 3 años por el diagnóstico de cultura;</td></tr>
<tr><td>🔓</td><td>La revisión debe hacerla el equipo de liderazgo multidisciplinario;</td></tr>
<tr><td>🔓</td><td>Deben ser establecidos KPI's proactivos y reactivos;</td></tr>
<tr><td>🔓</td><td>Los resultados del proceso son ampliamente comunicados;</td></tr>
<tr><td>🔓</td><td>Conduzca un proceso que resulte en un aprendizaje continuo para la organización;</td></tr>
<tr><td>🔓</td><td>Comunique ampliamente las mejorías en toda la organización; y</td></tr>
<tr><td>🔓</td><td>La mejoría continua precisa ser evidenciada a partir de una escucha activa a partir de la fuerza de trabajo.</td></tr>
</table>

<table>
<tr><td colspan="2" align="center">NUNCA</td></tr>
<tr><td>🔒</td><td>Permita que el proceso de revisión sea conducido y desarrollado por el equipo de seguridad;</td></tr>
<tr><td>🔒</td><td>Deje de medir el aprendizaje y las mejorías mapeadas;</td></tr>
<tr><td>🔒</td><td>Deje de realizar un análisis crítico del proceso de revisión de performance;</td></tr>
<tr><td>🔒</td><td>Pierda la pasión genuina por la mejoría continua;</td></tr>
<tr><td>🔒</td><td>Permita una revisión de Performance & Mejoría continua, tomando como base KPI's reactivos; y</td></tr>
<tr><td>🔒</td><td>Desconsidere como entradas que mandatan en el análisis crítico el uso de las siguientes herramientas: comité, análisis de riesgo, planeamiento estratégico, indicadores reactivos y proactivos, ocurrencias, observación de comportamiento, gestión de atribuciones, gestión de cambios, gestión de proceso, agenda de comunicación y otras que están vinculadas a la cultura de seguridad.</td></tr>
</table>

23. Gestión Seguridad de Procesos

La seguridad de procesos es una herramienta que permea diversos rituales y símbolos y precisa estar en la agenda de los Héroes.

Precisamos construir procesos confiables y desafiar constantemente los niveles de madurez.

☞ ¿Existe una gestión eficiente de procesos y, son seguros?

☞ ¿Cómo es trabajada la confiabilidad de los procesos en seguridad?

☞ ¿Cómo se hace la gobernanza de seguridad de procesos?

☞ ¿Existe un Comité de Seguridad de Procesos?

Sustainable

5

El comité de seguridad de procesos responde al alto liderazgo de la organización vinculando su planeamiento estratégico al planeamiento estratégico de la organización. Los recursos para la gestión de la seguridad de los procesos son "exclusivos". Los recursos extras son provistos para resolver problemas operacionales no inesperados, entonces esto no impacta en la planificación. Existe un nivel de conciencia por parte de todos los funcionarios sobre la importancia de la gestión de seguridad de los procesos.

Proactivo

4

El propósito de la gestión de riesgo de proceso es entendido y multiplicado por toda la organización. Se establece el comité de seguridad de procesos. KPI's proactivos y reactivos son gerenciados. La gestión de riesgo de proceso está vinculada al planeamiento estratégico de la organización. Hay una base de riesgo en el plan de manutención. Las tendencias se usan para mejorar su planeamiento. Si los recursos fueron desviados para resolver problemas operacionales, se obtienen recursos extras para garantir que el plan de mantenimiento sea realizado. La prioridad de actuación del equipo de manutención es hacer intervenciones con calidad.

Burocrático

3

Se elaboran guidelines de gestión de seguridad de procesos, pero la mayoría no está en el idioma local. El gerenciamiento lo hacen las áreas de manutención, ingeniería y seguridad. Los papeles, responsabilidades y pilares de actuación comienzan y tienen efecto cascada como mandatorio. KPI's reactivos son establecidos. Hay un sistema para monitorear las actividades de manutención, acúmulo, costos y defectos. El plan de manutención debe seguirse, pero en realidad sus recursos son desviados para resolver problemas operacionales. Además, el foco es mantener las intervenciones el menor tiempo posible. La prioridad es producir y cumplir con las metas.

Reactivo

2

La gestión es puntual tras alguna ocurrencia con daño severo. Todo el proceso lo gerencia el área de manutención. Equipamientos críticos son mantenidos según una orientación mínima del fabricante. En caso contrario, solamente se hacen los reparos urgentes. Los problemas pasados determinan lo que la manutención va a priorizar.

Patológico

1

No existe gestión de seguridad de procesos. Esto no es visto como algo importante. Se utilizan los equipamientos hasta que se rompen. Después se arreglan temporalmente; servicios alternativos en equipamientos defectuosos son comunes para mantener la operación funcionando. La prioridad es minimizar los costos de manutención y no parar la operación.

Para llegar al nivel sustentable, vea los **SIEMPRE** Y **NUNCA** recomendados.

<table>
<tr><th>SIEMPRE</th></tr>
</table>

- Establezca un comité para hacer la gestión de los pilares, papeles & responsabilidades, KPI's proactivos y reactivos;
- Tenga un plan con acciones vinculadas a los análisis de riesgo de procesos a corto, mediano y largo plazo;
- Mantenga la comunicación intensa y sensible sobre el tema;
- Involucre al equipo multidisciplinario en el comité de seguridad de procesos;
- Involucre la línea del frente operacional y aguce la percepción de riesgo de los funcionarios;
- Vincule las acciones del planeamiento de seguridad de procesos al planeamiento estratégico de la organización;
- Deje a disposición los manuales de los equipamientos en el idioma local;
- Garanta que la calidad de las intervenciones de manutención sea priorizada en detrimento del tiempo; y
- Garanta que el alto liderazgo sea constantemente concientizado sobre la importancia y el estatus de los planes de seguridad de procesos y que participen activamente de la toma de decisión

<table>
<tr><th>NUNCA</th></tr>
</table>

- Racionalice los peligros y riesgos de los procesos;
- Trabaje de manera reactiva, punitiva y con KPI's reactivos;
- Permita que los conceptos de seguridad de procesos permeen solamente al equipo de manutención, ingeniería y seguridad;
- Restrinja las herramientas de seguridad de procesos solamente para los miembros del comité;
- Utilice el presupuesto de manutención para otros fines;
- Deje de priorizar las tratativas relacionadas a los equipamientos críticos; e
- Ignore las orientaciones y los manuales de los fabricantes.

24. Licencia para Operar

Así como una fábrica precisa todas las licencias gubernamentales para funcionar, cuando pensamos en nuestros líderes y funcionarios, y en todo el proceso que involucra la maduración de la cultura de seguridad, se vuelve fundamental el desarrollo de la matriz de atribuciones, que debe ser entendida como la licencia para operar, de todos nuestros funcionarios.

La construcción de las atribuciones en seguridad es fundamental para sustentar la jornada rumbo al fortalecimiento de la cultura de seguridad.

Este proceso debe ser reconocido de hecho, como una jornada y no como un destino.

Todos los funcionarios precisan tener la atribución en seguridad desarrollada y estimulada constantemente, y no debe haber distinción jerárquica.

Para apoyar su entendimiento, preparé los siguientes puntos:

👉 ¿Cuáles son las atribuciones técnicas y no técnicas que hoy existen y cuáles vamos a desarrollar dentro de la organización, para fortalecer la seguridad?

👉 ¿Cómo se verifica la adherencia al desarrollo de la atribución?

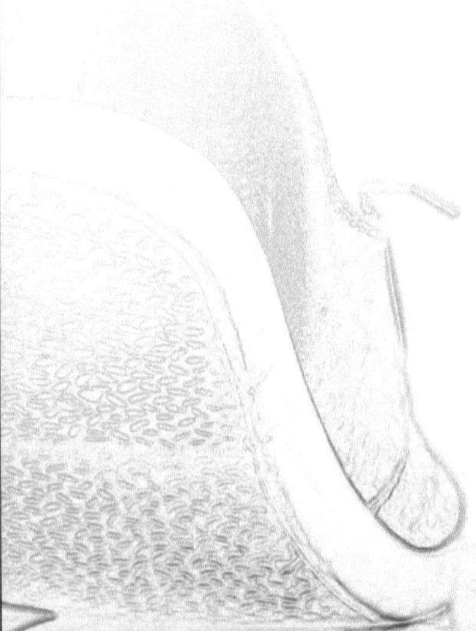

Sustainable — 5

Todo alto liderazgo pasó por el entrenamiento formal de la Cultura en Seguridad. Además, los líderes del local garantizan activamente que todo alto y mediano liderazgo reciba este y otros entrenamientos relevantes de acuerdo con la licencia para operar. Se establecen mecanismos para verificar la eficacia y la adherencia de lo aprendido colocado en práctica y, eventualmente, esto resulta en un mejor comportamiento en el liderazgo en seguridad. Se observa que el desarrollo de las atribuciones se considera un proceso que nunca termina.

Proactivo — 4

Todos los niveles pasan por un entrenamiento de seguridad adecuado como parte de su licencia para operar, que se refiere a las habilidades técnicas y no técnicas necesarias para cada función. Y esto incluye a todo el personal nuevo y al cambio de función. Hay formación de multiplicadores "Dueños del área/padrinos" para desarrollar el mediano liderazgo en seguridad de modo que posean capacitación y habilidades compatibles en casos de promoción. La licencia para operar conversa con los programas sobre planes profesionales.

Burocrático — 3

Las matrices de competencia están presentes y se imparte mucho entrenamiento patrón. El conocimiento adquirido en los cursos es testeado. Los funcionarios están interesados en mostrar que participaron de todos los cursos necesarios. Además, la unidad identifica las necesidades de entrenamientos de seguridad para cada nivel de gerente/supervisor, y se integra la licencia para operar como prerrequisito para la ejecución del trabajo.

El programa de licencia para operar no integra el plan profesional, son iniciativas que caminan paralelamente. Los entrenamientos son vistos como burocráticos.

Reactivo — 2

Tras una ocurrencia grave, se disponen fondos para programas de entrenamientos específicos, a pesar de que las iniciativas disminuyen con el paso del tiempo. No hay un sistema de formación y desarrollo estructurado que converse con el plan profesional.

Patológico — 1

La capacitación de seguridad es vista como un mal necesario. Se atiende al entrenamiento cuando es exigido por ley.

Para llegar al nivel sustentable, vea los **SIEMPRE** Y **NUNCA** recomendados.

<table>
<tr><td align="center">SIEMPRE</td></tr>
</table>

- Establezca una matriz que actúe proactivamente como prerrequisito para el desarrollo de cualquier actividad;
- La matriz de atribuciones debe ser sistémica y conversar con todas las funciones de la organización;
- Sea un programa de credibilidad;
- Desarrolle las atribuciones con experiencias que estimulen el aprendizaje, tomando como base la pirámide de aprendizaje;
- Vincule la matriz de atribución al plan profesional;
- Actualice el portafolio de atribuciones armonizando las técnicas y las no técnicas; y
- Mantenga el portafolio actualizado de acuerdo con las atribuciones esenciales previstas en las publicaciones del World Business Economic Forum.

<table>
<tr><td align="center">NUNCA</td></tr>
</table>

- Desarrolle una matriz enfocada en ocurrencias reactivas;
- Sea gerenciado por seguridad para mantener el estado "entidad" de la seguridad;
- Sea burocrático;
- Improvise las formaciones;
- Deje de cumplir con la matriz de atribuciones; y
- Permita que un funcionario inicie sus actividades sin conocer su matriz de atribuciones y cuáles son las técnicas y las no técnicas de seguridad necesarias para el desarrollo de sus actividades.

DE LA TEORÍA A LA PRÁCTICA

La Relación entre Cultura, Liderazgo y Desempeño de Seguridad

Cuando tratamos de construir y fortalecer la cultura de seguridad, hay algunas referencias y teorías consagradas internacionalmente. En mi opinión, dos de ellas son fundamentales en el entendimiento del concepto práctico de cultura de seguridad y en lo que dice al respecto de cómo mantener este concepto fortalecido, energizado y con el sesgo preventivo y de anticipación dentro de las organizaciones. Estoy hablando de la Pirámide de Frank Bird y del Iceberg Comportamental, que explico a seguir.

La pirámide de Frank Bird

El ingeniero estadounidense Frank Bird Jr., a fines de los años 1960, diseminó una teoría inspirada en un estudio iniciado décadas antes, en los años 1930, por Herbert Heinrich. En 1931, Heinrich, también ingeniero y estadounidense, publicó una obra para prevención de accidentes: un estudio científico, basado en el análisis de datos relacionados a accidentes recolectados por la empresa en la que trabajaba, Traveler Insurance Company.

En los 30 años siguientes siguió recolectando informaciones y con ellas fue capaz de identificar los factores que causaban los accidentes. Heinrich analizó 75 mil casos para llegar al parámetro 1-29-300. O sea, él concluyó que, para cada lesión seria, había 29 lesiones menores y 300 incidentes.

Bird, que también trabajaba para una compañía de seguros, Insurance Company of North America, partió de las publicaciones del colega y analizó otros 1,7 millones de accidentes reportados por 297 empresas, clientes de 21 áreas industriales distintas. El resultado del estudio fue resumido en una pirámide a la que él bautizó de pirámide de seguridad (o triángulo del accidente) y que hoy es conocida en todo el mundo como Pirámide de Bird. El ingeniero concluyó que para cada accidente con lesión seria había 9,8 con lesiones menores (que requieren solo primeros socorros), 30 eventos con daños materiales y 600 incidentes (casi accidentes).

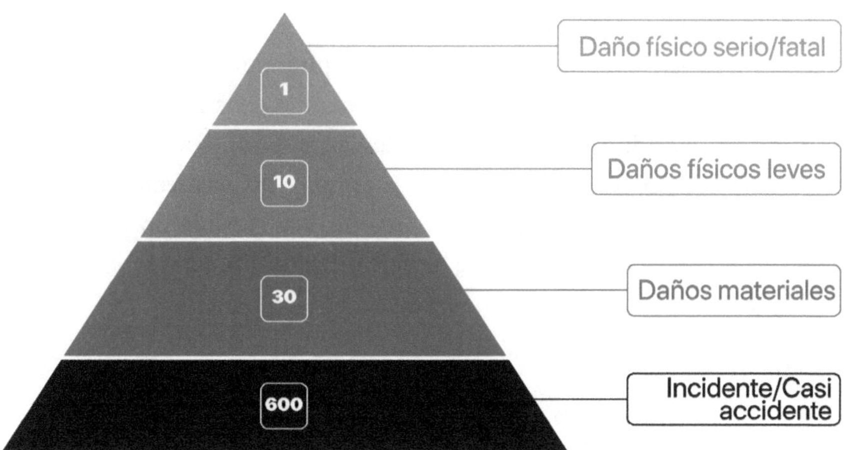

Figura 6:   Pirámide de Frank Bird

Tanto el trabajo pionero de Heinrich como el de Bird fueron considerados innovadores en sus épocas, pues de manera transversal consiguieron comunicar y traer para los más diversos negocios en el mundo, toda la perspectiva estadística del pensamiento comportamental y de prevención de accidentes de trabajo. Trazaron una relación importante de frecuencia y severidad entre los eventos (accidentes e incidentes) y, al mostrar que muchos accidentes tienen causas en común – tanto los más serios como los menos serios –, indicaron que al abordar los más frecuentes, aquellos sin lesiones, sería posible prevenir los más graves.

La teoría de Bird, una evolución de la de Heinrich, es todavía hoy una fuente confiable e inspiradora de referencia para la agenda de seguridad dentro das corporaciones.

Cuando analizamos el pico de la pirámide en comparación con su base, es como decir que cada accidente grave es una especie de libro que preferimos no leer. Hubo una serie de avisos anteriores que fueron ignorados, con información suficiente como para evitar lesiones o hasta muertes, pero nadie tomó conocimiento ni entró en acción.

Años después de los estudios de Bird, al final de la década de 1990, DuPont acrecentó una nueva estadística a la base de la pirámide ya existente, dando cuenta de 30.000 desvíos comportamentales o de actos inseguros cometidos, para cada accidente fatal. Entre los desvíos y el accidente fatal hay aún 3 mil incidentes, 300 accidentes sin alejamiento y 30 accidentes con alejamiento. Cuando evaluamos esta proporción, es imposible no pensar que una de las razones por las que nadie haya leído aquel libro antes de que algo grave sucediera, es, muchas veces nuestra propia ignorancia.

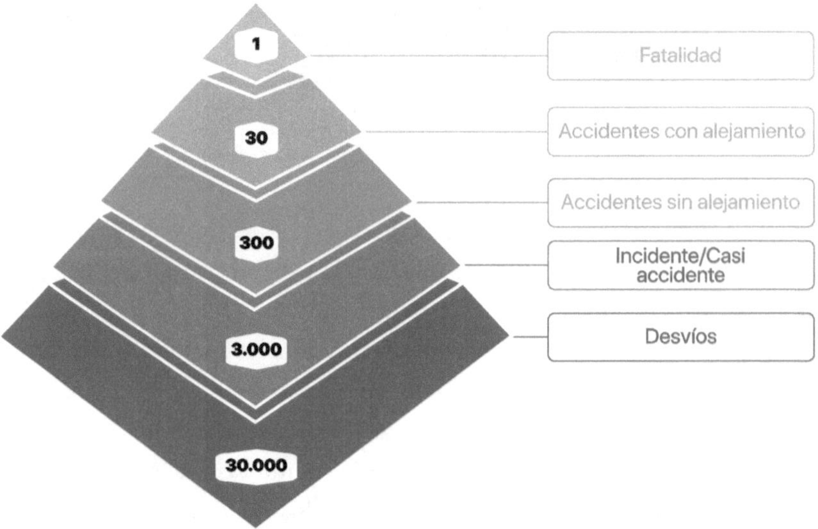

Figura 7:   Pirámide DuPont

Los 30.000 desvíos comportamentales son casi siempre ocasionados por: prisa, improviso, excepción, presunción y autoconfianza.

Prisa: rapidez casi nunca es sinónimo de calidad. Querer terminar una tarea en un tiempo menor que aquel que ella realmente demanda, es la receta cierta para el error y el consecuente riesgo de accidente.

Improviso: es aquella acción vinculada al conocido "jeitinho brasileiro" (al modo brasileño) y al "deixa que eu resolvo" (deja que yo lo arreglo). Debemos considerar no solamente el improviso de máquinas, equipamientos y herramientas, es preciso considerar el improviso humano, cuando las personas van a realizar una tarea para la cual nunca fueron entrenadas.

Excepción: ¿cuántas veces no oímos "sólo esta vez", o "sólo hoy", en el momento de realizar determinadas acciones? Quien abre una excepción se vuelve esclavo de ella.

Presunción: es el creer saber, el querer mostrar que sabe sin conocer realmente, es la vergüenza de asumir que no tiene total conocimiento sobre algo, es el no querer pedir ayuda. La presunción anda de manos dadas con la autoconfianza.

Autoconfianza: es "estoy seguro de que conmigo eso no va a acontecer". La autoconfianza siempre está influenciada por aquello que ya conocemos, experimentamos y esperamos; y el exceso de ella puede generar actitudes imprudentes.

Es importante que veamos las pirámides de seguridad no solo como un modelo estadístico lleno de números, sino también como herramientas para una lectura y un entendimiento más práctico del fundamento de la cultura de seguridad.

Cuando evalúo el pico de la pirámide, que trae referencia de indicadores reactivos a partir de la ocurrencia de accidentes, entiendo, por ejemplo, que apunta a la relación de frecuencia y de severidad entre ellos. Sin embargo, esta referencia de frecuencia y de severidad de accidentalidad, ¡atención!, es siempre consecuencia del nivel de madurez de la cultura de seguridad existente en aquel local.

Con esta interpretación estudiada más a fondo y usando mi experiencia en cultura de seguridad en diferentes empresas y proyectos, construí mi propia pirámide. En ella, el portador y/o dueño de la cultura es el líder inmediato, la figura más importante por cargar dentro de sí el poder transformador para comprometer, encorajar, educar, inspirar y formar equipos compartiendo sus valores y creencias, para que consigan anticiparse y prevenir los efectos de los gatillos, y ter un comportamiento seguro. Explico a continuación lo que significa cada uno de los niveles en el modelo representado, y así es posible comprender su relación que es el tema de este capítulo.

Figura 8:   Modelo de representación de la relación entre cultura, liderazgo y desempeño da seguridad.

Desvíos Comportamentales

La jornada para construir esta relación entre la Pirámide de Bird y mi modelo, parte de la tratativa de los desvíos comportamentales, también conocidos como actos inseguros. Ya los tratamos anteriormente. Antes de ellos están los incidentes y/o los casi accidentes, representados por Bird, eventos que no causan daño físico ni pérdida pero que, después que acontecen, muestran su potencial severidad en el caso de que su ocurrencia se hubiese materializado. Estos pequeños sustos por los que pasamos en el día a día vienen, normalmente, acompañados de nobles justificativos: fue apuro, improviso, excepción, pensé que era así y tantos otros. Es aquel tropiezo sin caída y sin lesión, aquel que no pasó de un susto, y que seguimos adelante sin darle importancia.

Los desvíos comportamentales, también conocidos como actos inseguros, son el recorrer un camino diferente del que fue establecido para la ejecución de una tarea, son los atajos a los procedimientos y guías operacionales de los improvisos de personas, máquinas, equipamientos y herramientas. Los desvíos comportamentales están vinculados también al presumir. El "creo que sé" es peligroso y muchas veces lleva a actos inseguros y, para mí, es una manera diferente de decir "yo no sé" siempre que la persona quiere parecer más inteligente o menos desinformada. Sin embargo, este uso de la autoconfianza, que nada más es que un intento de optimizar tiempo y frecuencia en la ejecución de las tareas (o sea, prisa), puede costar vidas. Considere el hecho de que el aumento de la autoconfianza es casi siempre proporcional al mayor tiempo de empresa o a una función, y al nivel de experiencia del colaborador.

Gatillos Comportamentales

El desvío comportamental es la primera representación y/o demostración de la cultura de seguridad con una acción práctica. Y siempre es una elección personal. Cuando comento esto en mis entrenamientos, percibo en los rostros una expresión de choque. ¡Sí, la elección es suya! Pero, en secuencia, explico que por detrás de los desvíos existen gatillos comportamentales, activadores dirigidos por nuestros pensamientos, sentimientos y emociones, y que, exactamente por eso, tienden a ser inestables. Y no completamente racionales. Considero estos gatillos un tema importantísimo para la construcción de una cultura de seguridad, por eso dedico todo el próximo capítulo a profundizar en el tema y en los cuatro elementos en los que estos gatillos se encajan.

Creencias

Las creencias son el resultado de todas las ideas que viste, oíste o concluiste y que acabaron convirtiéndose en una verdad absoluta para ti. En todo lo que hace — la forma como piensa siente y actúa —, el individuo es conducido por sus creencias, y es justamente por eso que cada persona actúa de formas diferente en situaciones idénticas.

Las creencias son como imanes: crees en una verdad y ella se torna real. Si crees que hacer con seguridad es más difícil y/o que va a demorar más, entonces se torna una verdad.

Las creencias son cogniciones sobre el mundo, probabilidades subjetivas de que un objeto tiene un atributo particular o que una acción llevará a un resultado en particular. Ellas pueden ser claras e inequívocamente falsas.

En mi opinión, está exactamente en las creencias nuestro mayor desafío de transformación y fortalecimiento de la cultura de seguridad. Una creencia no puede ser destruida, una vez que tiende a ser profunda y parte de nuestro conjunto de convicciones. Al contextualizar las creencias, cuando el asunto es seguridad, podemos ver que muchas de ellas son limitantes, pues no permiten que las personas que la poseen evolucionen y consigan encontrar una nueva forma de actuar con seguridad.

Uno de estos días estaba en un aeropuerto, aguardando para embarcar, y comencé a pensar en el potencial de las creencias, y en la gran cantidad de las que limitan el fortalecimiento de la cultura de seguridad dentro de una organización. Tomé un papel y un bolígrafo y empecé a listar las creencias con las que a veces me deparé en los equipos con los que ya trabajé. En pocos minutos, llegué a 51 (vea la lista completa en el anexo de este libro). Yo estoy segura de que no agotan el asunto, pero nos muestran su importancia y por qué no podemos ignorarlas. Estamos ante un desafío extremadamente arduo, porque sabemos que dar otro significado y/o reeditar creencias es una tarea compleja, porque ellas son personales. Son muchos los "apegos" a ellas que precisamos cuestionar diariamente, mostrando por qué no se sustentan, principalmente cuando se trata de seguridad.

¿Y cómo es posible darles otro significado a las creencias? Para evaluar la forma como conseguimos comprometer, encorajar e involucrar a la gente, me gustaría de hablar aquí sobre el modelo del círculo de oro, también llamado de círculo de confianza. El camino para darle otro significado a una creencia, para mí, pasa por él, son las propuestas de este círculo de oro las que nos dan una dirección inicial de cómo debemos tratarlas, colocarlas sobre la mesa y usar nuestras relaciones, influencia y rituales para darle un nuevo significado a aquello que limita la seguridad de las personas.

El concepto de círculo de confianza ganó popularidad años atrás con el autor y conferencista Simon Sinek. Para él, el tal círculo es uno de los más importantes cambios de mindset por el cual toda organización debe pasar. Sinek resume su idea con una frase básica: "Si contratas a las personas solo porque saben ejercer funciones, trabajarán por el dinero. Pero si contratas a personas que creen en lo que tú crees, trabajarán para ti con sangre, sudor y lágrimas". En otras palabras, la motivación debe ser resultado de inspiración, y no de manipulación. Y no es este tipo de convicción que precisamos cuando el asunto es seguridad.

El círculo de oro se propone explicar por qué algunos líderes y organizaciones alcanzaron un grado tan excepcional de influencia. Y muestra cómo algunos líderes son capaces de inspirar la acción, en vez de manipular a las personas para que actúen.

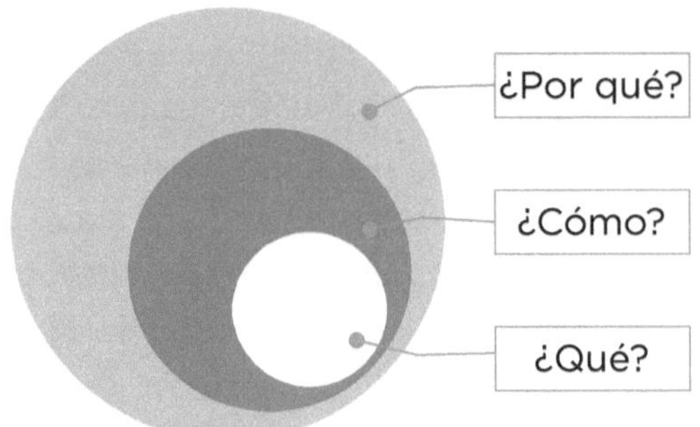

Figura 9:   Modelo del Círculo de oro.

La lectura del círculo comienza de adentro hacia afuera y funciona muy bien cuando tratamos sobre seguridad y cultura de seguridad.

¡Pregúntese por qué!

¡Pregúntese cómo!

¡Pregúntese qué!

A partir del uso de este conjunto de cuestiones es que podemos darles otro significado a las creencias limitantes, precisamos ofrecerles a las personas el "por qué" de seguridad, y este por qué debe estar cargado de propósito, creencia, misión, valor, ventaja y convicción. Tras este "por qué", debemos construir el "cómo" hacer con seguridad a partir de entonces. Y no se trata de más seguridad, o seguridad en primer lugar; se trata de hacer "con" seguridad, independientemente de dónde y con quién esté. Resumiendo, todas las tareas deben realizarse de manera segura, y es preciso comprender que existe alguna razón para cada procedimiento que seguimos. Y, por último, el "qué", que no es otra cosa que las expectativas y su papel individual ante la creencia y de su nuevo significado.

Valores

Valores son ideales, principios que marcan el rumbo de la vida o metas envolventes que las personas se esfuerzan para obtener. Ellos direccionan el comportamiento humano y gobiernan todas nuestras decisiones. Y si son personas y ellas son innegociables.

Los valores son construidos a lo largo de nuestras vidas, por medio principalmente de nuestros padres o de las personas que nos educaron de niños. Además de la educación, en casa y en la escuela, está la influencia de nuestra cultura, de la ciudad donde vivimos, de la experiencia de vida, de la familia, de las historias vividas por nuestros padres, abuelos, bisabuelos, etc. Los valores raramente cambian. Al contrario, tienden a ser reforzados a lo largo de nuestras vidas.

Nuestras costumbres están basadas en valores, son estados emocionales a los cuales damos importancia y que los tratamos de vivir, incluso inconscientemente.

Son también los valores los que nos conectan con nuestro equipo y empresa. Existen dos formas principales de conexión, la primera es la motivación intrínseca – cuando los valores de la compañía conversan directamente con nuestros valores personales, por ejemplo, cuando tratamos seguridad como cuidado, y eso puede ser sentido y notado en el comportamiento de los funcionarios, en las relaciones. Aquellas personas que poseen los mismos valores se van a unir a eso –, y la segunda forma de conexión es por la motivación extrínseca, esta funciona muy bien para aquel público que posee una relación de gratitud para con la empresa donde trabaja. Conozco personas extremadamente agradecidas porque fue en aquella empresa en la que tuvieron la oportunidad de aprender, liderar, ganar dinero, comprar su casa, educar a sus hijos, etc. Estas personas se comprometen incondicionalmente, incluso sin entender completamente de qué se trata. Los agradecidos representan el 1% de nuestra población. Las demás personas que no se encuadran en las características detalladas anteriormente, pueden motivarse de manera extrínseca con programas de reconocimiento y recompensa.

Lo valores son responsables del compromiso y la inspiración dentro de la organización. Para alcanzar los valores de cada colaborador, es preciso, antes que nada, entender cuáles son ellos, con qué estamos lidiando. Para recién entonces percibir qué es preciso cambiar para darle otro significado a la seguridad. Es fundamental, en este ejercicio, salir de lo tradicional y de lo punitivo. Se debe inspirar, y no obligar o punir. Solo así cautivamos a nuestros colaboradores y conseguimos adherencia a nuestro valor llamado seguridad, que en la práctica precisa ser entendido como cuidado.

Cultura de Seguridad

La cultura de seguridad aún es vista como algo institucional, mejor dicho, una entidad que está representada pelo CNPJ de la organización. Nuestra intención con este libro es mostrar que la cultura de seguridad forma una parte integrante de los valores y creencias personales/individuales y eso significa que precisa ser entendida como si fuera el CPF con relación al ciudadano.

Es una demostración de nuestras elecciones y hábitos, a partir de las relaciones de afecto que tenemos con nuestros valores y creencias. Y es más estable que el clima de seguridad, lo que significa que precisamos tiempo para trabajar su fortalecimiento y aumentar su nivel de madurez.

Cuando acontece un accidente en una unidad, todos se incomodan, quieren ayudar, mejorar la seguridad, el tema afecta las relaciones, prioridades, agendas y entregas del momento. No obstante, después de más o menos tres meses, el accidente está olvidado y todos vuelven a hacer las cosas de la misma manera como las hacían antes. ¡Esto es clima!

La cultura de la organización no es afectada por un accidente. Puede ser un puntapié inicial, pero solo con la sustentación de las acciones es que podremos verificar la evolución del nivel de madurez sobre aquel determinado riesgo.

Líder Inmediato

Es él quien trae la cultura de seguridad al ambiente de trabajo, reflejándose directamente en hábitos y elecciones personales. Él es quien determina su tono. Su comportamiento en los rituales y en la utilización de símbolos es lo que fortalece o debilita la cultura de seguridad. La forma como comunica la seguridad refleja el significado y la importancia que tiene.

Después de entender esto, queda claro que no es un cliché la necesidad de tener héroes que sean verdaderos líderes en seguridad, lo que significa actuar de manera preventiva enfocando la anticipación.

Los líderes en seguridad hacen más preguntas de lo que dan respuestas, cuestionan positivamente estimulando el pensamiento en las fallas. Cualquier líder inmediato puede ser un líder en seguridad, practicar, estimular y educar a su equipo todos los días, a toda hora, en todo lugar.

Estos líderes cuestionan sus proprios comportamientos cuando un accidente acontece con un miembro de su equipo. Se pregunta, por ejemplo: ¿Qué es lo que yo podría haber hecho diferente? ¿Por qué no vi eso antes?

DE LA TEORÍA A LA PRÁCTICA

Rituales, Héroes y Símbolos que dan Forma y Materializan la Cultura

Transformar comienza con hacer el arroz con frijoles (la comida brasileña más tradicional) la seguridad de manera irreprensible. Nuestro plato contiene lo operacional, lo táctico y lo estratégico. Y precisamos comer este plato enterito.

Andreza Araújo

Cuando hablamos de transformar la Cultura de Seguridad de una organización, acostumbro a discursar sobre tres puntos clave, en mis entrenamientos. Pero, antes de concentrarnos de lleno en ellos más profundamente, vale resaltar que transformación se trata siempre sobre aquello que continuamos haciendo, que se mantiene, que perdura. Claro que la transformación puede ser real e inmediata, basta una acción o una resolución para que se realice, pero su validación solo se concreta por la constancia.

Que levante la mano quien ya presenció cambios en políticas, normas y conductas, pero vio volver todo a lo que era antes después de pocos meses (o hasta semanas). Cambiar comportamientos, incluyendo los nuestros, exige autodisciplina. Y ésta, a su vez, requiere movimientos repetitivos, tal como el fortalecimiento de un músculo. El ser humano está hecho de hábitos.

Por ello, para mí, es imposible hablar de transformación cultural sin hablar de rituales. Este es el punto de partida fundamental para que todo acontezca. Al contrario de lo que imagina el sentido común, estos rituales no precisan ser demorados ni caros, deben ser solamente consistentes. Por ejemplo, se puede comenzar cada reunión con algunas palabras significativas sobre seguridad.

Los tres puntos clave que cité anteriormente están directamente vinculados a la construcción de estos rituales. Ellos son:

COHERENCIA: ¡Lo que yo digo debe estar de acuerdo con aquello en lo que creo! Precisamos personas que hagan, que se posicionen de manera genuina, reflejando sus creencias, propósitos y convicciones. No debe haber distancia entre lo que digo, lo que pienso y en lo que creo.

EL VALOR EN LA TRANSFORMACIÖN: Es muy común, en las organizaciones, observar que os líderes colocan la exposición por encima de la real transformación cultural, cuando se habla de seguridad. En la búsqueda por un resultado inmediato, sin percibir (o a veces hasta conscientemente) criamos monstruos que no traen la transformación. Un ejemplo clásico son los indicadores del pico de la pirámide. Eso me preocupa mucho. Mencionar que "estamos hace 1357 días libres de accidentes", no puede ser la principal medición de fortalecimiento de una cultura de seguridad. Veo muchas veces una presión exagerada sobre el departamento médico para mantener ese número, muchas veces clasificando erróneamente las ocurrencias, de manera que el indicador permanezca intocable.

Cuando elegimos este camino, acabamos por quedar en la superficie, sin vivir o provocar la transformación.

COMPROMETIMIENTO: Estar comprometido es fundamental. Pero no con excusas y creencias limitantes, sino con el destino de la organización. Hay una dirección clara, se sabe dónde queremos llegar y el viaje es arduo. Muchos de nosotros lo comenzamos, otros continúan en el camino y el ciclo sigue vivo.

Es fundamental garantir el entendimiento de nuestro papel individual en la transformación y en los detalles de la ruta que vamos a seguir.

Nuestras excusas, en la mayoría de las veces, reflejan nuestras creencias limitantes o frustraciones. Debemos dar otro significado, ir adelante, seguir ejemplos de determinación y superación. El deporte está lleno de ellos, como el del nadador Michael Phelps. Su primera competencia en olimpiadas fue en Sydney, en 2000, a los 15 años. Phelps volvió a casa sin medallas. Cuatro años después, en Atenas, ganó seis de oro y dos de bronce, y hoy suman 28, solo en Olimpiadas, y más de 30 récords mundiales batidos. Lo que Phelps probablemente le diría a cualquier persona es que perder nunca fue disculpa para no intentar nuevamente. Al contrario, él invirtió en diferentes características para huir de ellas; y yo las enumero a seguir.

Aprender con sus proprios errores: antes de las competencias, él ve los videos de las competiciones anteriores, para identificar fallas y analizar detalles y ver cómo mejorar.

Entrenar: nadie es capaz de alcanzar la excelencia sin invertir tiempo y esfuerzo. Habrá siempre un poco de dolor y sudor al realizar el trabajo duro, pero al final todo habrá valido la pena, al cosechar los resultados.

Definir metas claras: todos los días, cuando se despierta, Phelps traza sus objetivos y determina lo que precisa hacer para alcanzarlos.

Prepararse mentalmente: sí, la parte mental es importantísima en este proceso. La cabeza precisa estar preparada para seguir planes y rediseñar rutas, por si algo inesperado surge en el camino.

Perseverar: Phelps suele decir que su enfoque no está exclusivamente en la meta, en el resultado en sí, sino principalmente en el proceso, en cómo llegar adonde se quiere llegar. Y que es fundamental saber aprovechar todo aquello que te conduce hasta tu objetivo mayor.

Eso quiere decir que nuestras excusas, incluso aquellas que suenan de manera noble y verdadera, precisan ser transformadas en buenas lecciones que pueden (y deben) ser compartidas a lo largo de nuestra carrera. Si QUIERO la transformación, preciso comenzar HACIENDO una. Y esta transformación nace dentro de mí y será reconocida siempre por ser genuina.

Enseñando a un adulto a andar en bicicleta

En mis entrenamientos, uso mucho esta metáfora para comprender el proceso de aprendizaje de la cultura de seguridad. Sabemos que el aprendizaje no es un evento puntual, sino un proceso continuo.

Según la andragogía, que estudia el proceso de aprendizaje de adultos, hay consejos prácticos para una mayor eficiencia en este camino. Y algunos de ellos pueden relacionarse con la seguridad:

☞ "¿Para qué tengo que aprender esto?" Los adultos precisan saber cuál es la necesidad de aprender algo, antes de comenzar a aprender.

☞ Los adultos poseen un autoconcepto de ser responsables de las propias decisiones, de las propias vidas. Eso significa que se resienten y resisten a situaciones en las cuales perciben que los otros están imponiendo su voluntad. Precisamos crear experiencias de aprendizaje donde los adultos pasen de dependientes para aprendices autodirigidos.

☞ Los adultos se desarrollan en ambientes que tengan gran volumen de experiencias de calidad. En la práctica, debemos proporcionar actividades que exploten el compartir experiencias como elementos para proporcionar una reflexión sobre los hábitos y prejuicios que los aprendices poseen.

☞ Los adultos aprenden las cosas que tienen que saber, aquellas que precisan volverse capaces de realizar en una situación real, o sea, las que van a utilizar en los días subsecuentes.

☞ Los adultos centran el aprendizaje en la vida y en sus dilemas diarios. En este sentido, precisamos estimularlo utilizando ejemplos cotidianos, aplicados a la rutina y a la vida real de nuestros colaboradores.

☞ Los adultos responden a factores motivacionales internos y externos que van desde prácticas de reconocimiento hasta sentir el cuidado en su ambiente de trabajo.

La importancia de los rituales

Son muchos los rituales dentro de las organizaciones que auxilian en la promoción de transformaciones. Una vez más, yo los veo funcionando como en una especie de sistema solar, donde cada planeta tiene su importancia y sus características, sin una prioridad definida. Cada uno de los rituales, de la misma forma, contribuye de manera singular para la construcción de una cultura de seguridad sustentable e interdependiente. Veremos a seguir cuáles son esos rituales.

Reconocimiento & Recompensa

Dentro de las organizaciones, los programas de reconocimiento & recompensa son rituales fortalecedores de la cultura de seguridad. ¿Pero será que, de hecho, todo reconocimiento y recompensa está siendo aplicado de manera adecuada, en el momento adecuado, por y a las personas adecuadas?

¿Por qué reconocer y recompensar es importante? El concepto está vinculado a la teoría de las expectativas, una teoría cognitiva que relaciona el esfuerzo que se realiza en las diferentes tareas para su ejecución o rendimiento. El reconocimiento, no tengo dudas, es un elemento clave de la relación de cada colaborador con su trabajo y con la organización, especialmente cuando se habla de elecciones seguras. Y precisa ser integrado a la cultura de la organización.

Lo que veo, sin embargo, cuando se habla de reconocimiento, es que las personas tienden a esperar programas grandiosos y con diversos y complejos criterios de selección. Recuerdo una reunión de la cual participé cierta vez, para apuntar dentro de una empresa al vencedor de un premio de mejoría continua. Salí de la reunión constreñida, pues las notas que yo les había dado a los participantes eran bien altas, pero ninguno de ellos consiguió notas mayores que 5, de los demás miembros del comité. Es como si actualmente, fuese necesario crear un nuevo iPhone por día, para que alguien sea reconocido.

Vivimos un momento en el cual el reconocimiento se volvió algo extremadamente inflacionario. En mi opinión, por el poder que el reconocimiento tiene, debe apalancar y transformar las organizaciones; tendría que ser más trivial, estar en las "felicitaciones" genuinas, con frases como "qué bueno tenerte en mi equipo", "qué orgullo trabajar contigo", "hoy me has inspirado", o simplemente "buen trabajo" o "excelente idea".

El poder de ¡FELICITACIONES! es incontestable, simplemente porque no podemos comprarlas en la panadería o en el supermercado. No obstante, cuando las recibimos, eso cambia la dirección de nuestro día. Cabe al buen líder reconocer el trabajo de su equipo, que está allí haciendo lo mejor, sin reservas. No podemos creer que está haciendo solo aquello por lo que es pagado para hacer.

Muchos líderes tienden a creer que, para implementar un programa de reconocimiento de seguridad, es preciso tener un presupuesto específico, y alto. Pero la gran noticia es que, no, no tiene que costar mucho. Y si forma parte de un programa general efectivo de la seguridad del colaborador, puede tener costo cero y generar un retorno positivo a la inversión, al ayudar a reducir el número de accidentes en el trabajo y los gastos provenientes.

Enumero a continuación los componentes importantes de un programa eficaz de reconocimiento y recompensa de seguridad para funcionarios:

1.   Permear todos os niveles de la organización;

2.   Tener plazos cortos, y de corta duración;

3.   Promover momentos de entretenimiento con la familia y los amigos (las recompensas);

4.   Formar parte del programa/agenda de transformación cultural de la compañía;

5.   Tener un vocero que sea un importante ejecutivo de la compañía;

6.   Tener metas de desempeño SMART (S-Específico, M-Medible, A-Alcanzable, R-Relevante, T- Temporario);

7.   Celebrar el éxito.

"Las empresas excelentes celebran extraordinariamente al vencedor cuando hay uno" esta es una citación valiosa en el famoso libro "En Busca de la Excelencia". No somos jugadores del Super Bowl, ni estamos en la búsqueda de una cesta de tres puntos que ganaría un campeonato de la NBA. Pero el trabajo es una gran parte de nuestras vidas y, de muchas maneras, se convierte en nuestro propio Super Bowl. Por lo tanto, es preciso tratarlo como tal; reforzar y reconocer a nuestros funcionarios cuando ellos alcanzan y mantienen los niveles exigidos de seguridad.

Hay algunas pistas prácticas que las organizaciones pueden colocar en acción para tornar el programa más eficiente:

- Invierta en una comunicación continua, divertida, visible y colorida sobre el programa. Elija un tema. Trabaje con carteles, pancartas, boletines informativos, sitios, correos de voz, mensajes de e-mail corporativo del CEO, mensajes impresos en los recibos de los cheques de pago etc. Realice una divertida reunión de lanzamiento, con música, globos, pizza como almuerzo. Distribuya regalitos, como bolígrafos con el logotipo de la empresa, botellas de bebida, camisetas, y anuncie el programa explicándolo en detalle.

- Construya componentes de recompensa para reforzar el mensaje, como tarjetas regalo, premios en mercaderías, etc., con los temas generales del programa de seguridad impresos en ellos. Las tarjetas regalo suelen ser populares porque permiten que los funcionarios elijan su propia recompensa. Son económicas para los empleadores, fáciles de distribuir y presentar.

- Cree clases de entrenamiento, promueva diversión, reconozca y agradézcales a los funcionarios por asistirlas, por participar. Una clase de capacitación lúdica es una herramienta que ayuda mucho en este camino (lea más sobre ella a seguir). Anuncie, durante estas clases, que serán realizados cuestionarios y que los primeros que respondan las preguntas correctamente recibirán una tarjeta regalo. Otra posibilidad es conceder una tarjeta regalo especial, una especie de "premio misterioso". Considere dividir las clases en equipos para una competencia divertida. Cuanto más divertida sea su clase de entrenamiento de seguridad, más sus funcionarios aprenderán sobre seguridad.

☞ Realice pruebas de seguridad trimestrales o cuestionarios con aquellos que alcancen una puntuación específica y distribuya premios.

☞ Flagre a alguien haciendo el trabajo cierto. Todos los supervisores, gerentes de fábrica y gerentes en general deben buscar oportunidades para encontrar a funcionarios que trabajan con seguridad, usando los equipamientos y ropas de seguridad ciertos y que siguen prácticas de trabajo seguras. Reconozca al funcionario en el local, delante de sus pares.

☞ Se puede establecer un programa de reconocimiento de seguridad para funcionarios más formal, individual, por equipos, turnos o para la fábrica como un todo.

Las clases con gamificación y su potencial en los rituales de reconocimiento y recompensa

Actualmente, los juegos están en todas partes, a todo momento somos convidados a fidelizarnos, a juntar puntos, a cambiar monedas virtuales. En este escenario, ¿cómo aprovechar la fuerza de los juegos para masificar la cultura de seguridad dentro de las organizaciones?

Antes, vamos a intentar entender lo que significa la gamificación. Se trata de la idea de utilizar elementos y mecánicas de juego con el objetivo de incrementar la participación y generar compromiso en actividades cotidianas. Los juegos promueven inmersión, foco de atención, dedicación prolongada, creatividad, pensamiento estratégico y compromiso. Además, según algunos autores, los juegos nos dejan felices y nos proporcionan una sensación de bienestar.

Los juegos están siendo utilizados en diferentes áreas, desde en la educación hasta en el ejército. Los obstáculos insertados desafían nuestras capacidades y exigen creatividad, haciendo la actividad extremadamente interesante y eficiente.

Otras ventajas de la gamificación son:

☞ Los juegos tienen objetivos bien definidos, dejando claro el propósito de la actividad.

☞ Los juegos tienen reglas, son los obstáculos insertados en el camino.

☞ Los juegos dan feedback con puntos, niveles, resultados o incluso con un sendero para el progreso.

☞ Los jugadores participan voluntariamente, pero cada participante debe aceptar el objetivo, las reglas y el sistema de feedback.

¿Y cómo usarlos específicamente como reconocimiento?

Promueva competencias: premie a los vencedores por la mejor performance en determinada fecha.

Reconozca con medallas.

Recompense con promociones, al estilo de los programas de fidelidad. Ejemplo: junte diez cupones y cámbielos por algo.

Al hablar de gamificación y sus ventajas, pienso en el caso del The Speed Camera Lottery, de Suecia. La idea principal es incentivar a los conductores a obedecer los límites de velocidad de una manera divertida. El concepto fue implementado en noviembre de 2010, en Estocolmo, por la sociedad nacional sueca, para la seguridad en el tránsito Y por The Fun Theory (una iniciativa de Volkswagen). Como en cualquier radar electrónico, los infractores son flagrados por las cámaras y se generan las multas. La diferencia es que los conductores que obedecen el límite de velocidad son igualmente fotografiados e identificados, concurriendo a una lotería financiada por un fondo de caja formado por las multas de los infractores.

El mecanismo utilizado es el de recompensa y consiguió cambiar el comportamiento de los choferes: durante los tres días del experimento, 24.857

autos pasaron por el radar y fue constatado que la velocidad promedio en Estocolmo cayó de 32km/h para 25km/h, o sea, una reducción del 22%.

¡Es la prueba de que la diversión es una herramienta poderosa para cambiar el comportamiento de las personas para mejor!

1.   Comité de seguridad

El comité es el principal foro de discusión, desarrollo y aprobación de los temas de la agenda de seguridad de la unidad. Congrega a líderes representantes de todas las áreas con un objetivo común: fortalecer la cultura de seguridad. Por esta razón, es importante mantener al día nuestras reuniones, también consideradas por los líderes como un ritual de la seguridad.

Las premisas de un comité de seguridad efectivo son: garantir la transparencia en la discusión y tratativa, un compromiso visible de los miembros, equilibrio en el abordaje de las urgencias y las importancias y por último un fuerte sentido de dueño por parte de sus miembros, manifestado a partir de la búsqueda constante y genuina para energizar la seguridad con nuevas experiencias y estímulos.

El comité, además de tener la manifestación de un ritual, es también un símbolo, un patrimonio de su unidad y así como sus miembros, debe servir a la seguridad en su jornada, rumbo a cero accidentes y al fortalecimiento de la cultura.

2.   Gemba Walk o Safety Tour

Es una visita, con agenda periódica, que debe hacer el alto y el mediano liderazgo de la unidad o de la organización como un todo, con el objetivo de entender cómo la seguridad viene siendo practicada, con una mirada hacia nuevas y posibles oportunidades de corrección de desvíos. El recorrido puede servir también como una observación comportamental, además de ser un momento para promociones del reconocimiento informal.

3.   Observación comportamental

Hablaremos más profundamente sobre el tema más adelante, pero en términos generales se trata de invertir, como el nombre lo explicita, tiempo en observar el comportamiento de los colaboradores para, a partir de él, generar conversaciones visando la construcción de la cultura de seguridad, orientando sobre los desvíos y fortaleciendo los buenos hábitos. Se trata de una herramienta proactiva de seguridad.

4.   Exámenes médicos periódicos

El ritual de salud ocupacional tiene por objetivo celar por la salud de cada funcionario. Sigue una periodicidad legal que debe ser respetada y muestra el cuidado que la organización tiene para con sus colaboradores, además de direccionar los programas de salud ocupacional.

5.   Integración

Es el primer ritual de seguridad de cada funcionario. En muchos casos, es la única oportunidad de conversar sobre el tema con el colaborador y, por eso, se debe aprovechar el momento para que reciba todas las orientaciones de seguridad sobre sus tareas y la operación como un todo. Además de ser un momento de refuerzo de la percepción de riesgo. Es importante resaltar que la integración es un diálogo y no un monólogo, e su adherencia precisa ser verificada.

6.   DDS o DSS

El Diálogo Diario de Seguridad o Diálogo Semanal de Seguridad fue el primer ritual de seguridad establecido en todo el mundo. Deben ser rápidos: la sugerencia es que sean diarios y no tomen más de 5 minutos de tempo del trabajo. Estos diálogos traen una reflexión relacionada al comportamiento seguro y son un estímulo para la percepción de los riesgos.

Creo mucho en la importancia de este ritual y acostumbro a compararlo a la siguiente metáfora:

Cuando estamos en una carretera y nos deparamos con una cruz, normalmente localizada en una curva peligrosa, la primera reacción es pegar las dos manos al volante, y luego una leve disminución de la velocidad. Sentimos el peligro, el dolor y el miedo, entonces decidimos prestar más atención.

El DDS así como la cruz precisa generar una reflexión, que, aunque tan rápida e inesperada, pueda producir en nosotros cambios, despertando la conciencia en cada trabajador.

El conductor del DDS precisa entender que las palabras que pronunciamos tienen poder. Ellas pueden, lastimar o ayudar, encorajar o desalentar, animar o derribar a alguien. Nuestro mensaje como Líderes en Seguridad precisa ser cargado de positividad, proactividad, esperanza y posibilidades. Entonces, ajuste su foco y eleve su mensaje. Vamos a impactar positivamente la vida de las personas. ¡Que nuestro decir sea un constante plantar de vida!

Las características de un DDS efectivo es que precisa ser fuerte, rápido, a quemarropa. No puede tener un tono burocrático, aquel enfocado en la lista de presencia. De manera que, cuando el trabajador retorne a su puesto, esté inspirado, presente, de cuerpo y mente en la tarea, que consiga percibir los detalles y anticiparse a los riesgos.

Precisamos incomodarnos con Diálogos en los que una persona está leyendo un pedazo de papel y por ser monótono, todo el equipo está distraído y preocupado por firmar la lista de presencia.

La lista de presencia no evita accidentes, entiendo que es importante, no obstante contentarse con un papel, nos coloca más cerca de un accidente/incidente.

7. Brigada de emergencia

Es un grupo formado, la mayoría de las veces, por funcionarios voluntarios que se disponen a aprender sobre prevención y combate a emergencias. Tienen reuniones y entrenamientos regulares, además de una rutina de inspecciones.

8. Permiso de trabajo

El ritual salvavidas es utilizado para validar y aprobar trabajos de alto riesgo. Se realiza un análisis de riesgo a partir de un checklist específico para los tipos de peligros dentro de la actividad evaluada, con un cuestionario detallando y controlando la exposición del equipo a peligros y riesgos.

9. CIPA

La Comisión Interna para Prevención de Accidentes, es un ritual legal y, por lo tanto, obligatorio. Reúne a un grupo de colaboradores elegidos por los proprios funcionarios e indicado por el alto liderazgo de la unidad. Este grupo tiene como misión trabajar en la prevención de accidentes, con reuniones periódicas y funciones preconizadas en la legislación.

10. Entrenamiento mandatorio

También están establecidos por ley y son obligatorios. Visan estimular la percepción de riesgo y construir una competencia técnica de seguridad en los funcionarios.

11. Auditoría

El ritual de mejoría continua permite un autoanálisis de todo lo que se viene haciendo y viviendo en seguridad dentro de la unidad. En el momento de la auditoría se hace un análisis de comparativo entre os patrones teóricos y de mercado establecidos y las prácticas actuales implementadas.

12. Benchmarking

Es una reunión con el sector y los diferentes sectores de la economía, que ofrece también una oportunidad de conocer lo que se viene haciendo en el resto del mercado y en el mundo, en relación con la seguridad.

13. Entrenamientos

Son establecidos a partir del planeamiento estratégico de seguridad, con periodicidad definida por la unidad, enfocando estimular la percepción de riesgos, reforzar el comportamiento seguro, las buenas prácticas y construir competencia técnica en seguridad.

14. Investigación de ocurrencias

Es un ritual que involucra diversas áreas y cuyo objetivo es buscar la causa raíz de las ocurrencias, para establecer un plan de acción a fin de que no se repitan. Es importante, claro, consolidar la lección aprendida con las ocurrencias y esparcirla por toda la organización. El ritual solo estará completo cuando se implementen acciones abarcadoras que se muestren eficientes, de modo a garantir que no se repitan.

15. Momento de seguridad

Es similar al DDS, pero acontece antes del inicio de diversas reuniones de la organización. También debe ser una reflexión breve, sin demandar mucho tempo.

16. Feedback

Es un ritual de gestión de personas que debe absorber también comentarios relacionados al comportamiento seguro, incluir hábitos y actitudes de seguridad. Es importante que, a partir del feedback, sea de hecho determinado un plan de acción para la construcción y mejoría continua de la cultura de seguridad, reflejándose en el comportamiento seguro del funcionario. El feedback es uno de los rituales que permite que la seguridad se integre al plan profesional del funcionario.

17. Inspecciones y checklist

Pueden ser de los más variados temas y son herramientas de estímulo para la percepción de riesgo, para identificar condiciones inseguras y oportunidades de mejoría. Deben ser realizados por un equipo experimentado y debidamente entrenado.

18. Análisis de riesgo

Es el corazón del sistema de gestión de seguridad y sirve para cuantificar y clasificar los riesgos existentes. Se puede hacer por local o por actividad, y las principales variables que auxilian para la clasificación son: frecuencia de exposición al peligro, severidad de la ocurrencia y su probabilidad.

19. Orden de servicio

Es un ritual legal y sirve para orientar al funcionario de acuerdo con las tareas que tendrá que realizar, y sobre los riesgos a los que estará expuesto, las medidas de control para evitarlos, sus EPP's y el comportamiento seguro esperado.

20. Control sorpresa de seguridad

Normalmente creado por la CIPA, sirve para alcanzar a un gran número de funcionarios desarrollando en ellos el comportamiento de seguridad que se quiere alcanzar. Es un ritual catalizador y un evento relámpago, realizado sin aviso previo para mantener el factor sorpresa.

21. Sipat

La Semana Internacional de Prevención de Accidentes de Trabajo, también es un ritual legal, obligatorio, con objetivo de prevenir accidentes. Se trata de uno de los rituales más conocidos en Brasil y de gran movilización interna en las compañías. La mayor parte de los funcionarios participa; además de las charlas se los moviliza con acciones lúdicas estimulando el comportamiento seguro. La legislación brasileña preconiza algunos temas que deben formar parte de la agenda.

22. Plan anual de metas

Es parte integrante de un proceso de mejoría continua, donde los principales indicadores de seguridad son evaluados, tanto su performance interna como externa, con objetivo de establecer metas que sean desafiadoras y cumplideras.

23. Análisis crítico de seguridad

Este ritual evalúa la performance de seguridad, por medio de la estratificación de los más diversos KPI's del pico y de la base de la pirámide con un escopo más detallado y, por eso, con resultados más profundos. La realización del análisis crítico de seguridad forma parte integrante del plan anual de metas.

24. Campañas

Armar un calendario anual con los temas que serán trabajados con el objetivo de sensibilizar e introducir cambios de comportamiento. Ellos servirán de estímulo para la percepción del riesgo y del cuidado. Es la ejecución de las prácticas de comunicación.

25. Día de la seguridad

El 28 de abril, fecha establecida por la OIT, es un día para promover la prevención de accidentes y enfermedades ocupacionales en todo el mundo. Se trata de una campaña de concientización destinada a concentrar la atención internacional en tendencias emergentes en el campo de la seguridad y salud ocupacional, y en la magnitud de las lesiones, enfermedades y fatalidades relacionadas con el trabajo en todo el mundo.

26. Reporte de ocurrencias

Reportes de accidentes, casi accidentes y condiciones inseguras, deben realizarse con el objetivo de dar visibilidad a la causa raíz y hacer con que cada uno obtenga acciones mitigadoras para que no se repitan.

27. Gestión de cambio

Es una disciplina que orienta la forma de cómo podemos prepararnos para los cambios, tanto físicos como de personas y debe traer un abordaje que apoye a la organización en estos procesos. Los cambios deben realizarse de tal forma que la alteración contribuya para o fortalecimiento del clima y de la cultura.

28. Cambio de turno

Es un ritual operacional que precisa incluir seguridad, un momento rápido en el que debe haber, entre los equipos, un intercambio de informaciones generales sobre la performance y sucesos de seguridad de la operación.

29. Lecciones aprendidas

Es un ritual proveniente de la investigación de las ocurrencias. Estas lecciones deben ser comunicadas a todas las áreas, y no quedar restrictas solo a aquellas donde sucedió o puede suceder una ocurrencia semejante.

30. Visita del alto liderazgo

El alto liderazgo de la organización (directores y presidencia) debe promover, con periodicidad a ser definida, una visita con el intuito exclusivo de mejorar la seguridad de sus colaboradores. Esta visita es una demostración visible de compromiso.

31. Entrega de EPP

El equipamiento de protección personal es obligatorio por ley, y su ritual de entrega debe ser aprovechado. El modo de cómo esto se hace y de cómo se pasan las orientaciones tornan el momento en un fortalecedor de la cultura de seguridad.

32. Simulacro de emergencia

Consiste en un entrenamiento que simula, de forma real, una situación de riesgo en la empresa, haciendo que todos los funcionarios sigan los mismos pasos. Deben utilizarse las salidas de emergencia y los equipamientos de seguridad disponibles, verificando sus utilidades y funcionamiento. Para los colaboradores, también es esencial entender los pasos básicos y los conceptos sobre el tema.

33. Sistema de gestión de salud, seguridad y medio ambiente

Es un conjunto de procedimientos para gerenciar o administrar una organización, de forma a obtener una mejoría en la eficiencia de gestión de los riesgos, de seguridad y salud del trabajo (SST), y en los impactos al medio ambiente relacionados con todas las actividades de la organización. Actualmente los sistemas de gestión están basados en normas internacionales, tales como: ISO 14000, OHSAS 18000 e ISO 45000. La inclusión y la participación de cada funcionario en el proceso de implementación del sistema, es de fundamental importancia.

La importancia de los héroes

En la cultura de seguridad, los héroes son los portavoces, multiplicadores y portadores de la seguridad. En la práctica, son los líderes inmediatos, y sus actitudes traducen los hábitos, las creencias y los valores seguros. Trataremos sobre liderazgo en un capítulo específico de este libro. Pero quiero reforzar aquí su importancia con una historia real.

Cierta vez enfrenté el desafío de cambiar drásticamente los números de seguridad dentro de una gran empresa. La meta era agresiva: disminuir, en 180 días, el número de ocurrencias en un 50%. Yo estaba segura de que para eso sería preciso el compromiso genuino del alto liderazgo. Y fue lo que sucedió. El vicepresidente de operaciones agarró el proyecto con uñas y dientes. Él era un ejemplo vivo de comportamiento seguro y hablaba sobre el tema con pasión y sinceridad. Conseguimos alcanzar la meta propuesta y entonces yo le pregunté qué es lo que lo había transformado en un vocero de la seguridad tan eficiente. Y la respuesta que escuché fue: "una triste historia personal".

Más de tres décadas antes de nuestro proyecto, un accidente de auto le costó la vida a su único hijo, aún bebé. Él volvía de una fiesta en la fábrica de una empresa en la que trabajaba; su esposa y su hijo se encontraban en el asiento de adelante y sin el cinturón de seguridad (en aquel tiempo el uso de las sillitas y del cinturón todavía no eran obligatorios), y hubo un choque de frente. El bebé murió al instante. Él y su mujer, ni siquiera pudieron enterrar a su precioso bebé pues estuvieron más de diez días en el hospital, en coma.

Es increíble el poder transformador que un evento puede tener en la vida de una persona, y cuánto el cambio de comportamiento que ocasionó fue responsable por la formación del gran líder en seguridad en que aquel ejecutivo se volvió. Después del accidente, él escribió una carta a otros padres conductores y, siempre que veía a cualquier niño en el asiento delantero de un automóvil, lo detenía para entregar la carta. "Mi misión pasó a ser la de salvar otras vidas. Mi tragedia trajo consigo un valor que ni un millón de reglas serían capaces de construir."

El recuerdo de este episodio, el coraje de hablar abiertamente y usar su propia historia sin miedo de exponerse para salvar otras vidas es la ruptura necesaria para vivir la seguridad como un valor, y no solo como una prioridad. Y es esto, en mi opinión, lo que determina una transformación cultural que sea perenne.

La importancia de los símbolos

Los símbolos son los artefactos visibles que comunican y refuerzan la cultura de seguridad, hacen que las personas a su alrededor perciban y valoren la presencia de la seguridad. Listamos a seguir los principales:

1. EPP

Se considera Equipamiento de Protección Personal (EPP) todo dispositivo o producto utilizado por un colaborador, destinado a la protección contra riesgos capaces de amenazar su seguridad y su salud.

Este tipo de equipamiento solo deberá ser usado cuando no sea posible tomar medidas que permitan eliminar los riesgos del ambiente en el que se desarrolla la actividad, o sea, cuando las medidas de protección colectiva no sean viables, eficientes o suficientes para atenuar los riesgos y no ofrezcan completa protección contra los riesgos de accidentes de trabajo y/o de enfermedades profesionales y del trabajo.

2. Cuaderno DDS y DDS Box

El cuaderno de DDS puede ser utilizado para anotaciones, para temas importantes y asuntos que serán abordados cuando se aplique el DDS a los colaboradores. El DDS Box es una herramienta de fácil aplicación para que la gerencia conduzca el DDS por medio de contenidos organizados y prácticos que retraten el cotidiano de los colaboradores del área. Los temas pueden ser divididos en Medio ambiente, Salud y Seguridad.

Este método permite diferentes modos de uso:

- El líder podrá escoger una de las cartas de la caja y tendrá que leer, explicar y discutir el asunto presentado en la misma.

- El líder podrá sugerir que alguien elija una carta, esa persona tendrá que leer, explicar y discutir el asunto presentado en la misma.

- Se puede efectuar un sorteo para que alguien haga la lectura, explique y discuta el asunto definido en la carta.

- Tanto el cuaderno como la caja son objetos que simbolizan el cuidado.

3.   Equipamiento de preparación para respuestas a emergencias

Los equipamientos de preparación para respuestas a emergencias tienen como objetivo regular los requisitos mínimos necesarios, exigibles por la empresa y por el gobierno, para la ejecución de las actividades, visando principalmente evitar accidentes y, habiendo siniestro, mitigar sus consecuencias sobre el medio ambiente y sobre el público potencialmente involucrado. La meta es reducir radicalmente las pérdidas posibles de cualquiera de los factores de producción: recursos naturales, mano de obra o equipamientos tecnológicos.

4.   Cartelera de comunicación

Las carteleras de comunicación son importantes herramientas de comunicación interna de la empresa, generalmente dirigidas a un mayor número de colaboradores. Este vehículo de comunicación es fijado en locales de gran movimiento de gente y expone, de forma dinámica y eficiente contenidos de relevancia sobre seguridad, normas, avisos, informaciones internas, entre otros, para concientización de todos dentro de la organización.

5.   Señalamiento de seguridad

Entre los métodos de protección y aseguración de la vida, de la salud y de la profesión de los colaboradores que están involucrados en el ramo de la seguridad del trabajo, se encuentra el señalamiento de seguridad en los ambientes de trabajo. Tiene como objetivo alertar en el local, a colaboradores y visitantes sobre los riesgos existentes allí, sobre equipamientos protectores y otras informaciones imprescindibles para la seguridad en el lugar.

Se hicieron para llamar la atención, con letra clara, ilustraciones obvias y de fácil y rápido entendimiento, lo que ayuda a tener una rápida concepción en casos de emergencia. En los diseños se usan símbolos universales que ofrecen un entendimiento patrón y no genera doble sentido o cualquier tipo de confusión. La utilización de colores también tiene su significado, así como formas y siglas conocidas en el local de trabajo y en todo el mundo.

6.   Trofeos de reconocimiento

Los trofeos en el área de seguridad tienen la finalidad de homenajear, incentivar y premiar, así como promover eventos, ofreciendo el reconocimiento y la satisfacción de la victoria de un colaborador, líder y/o gestor.

7.   Certificados de entrenamiento

Entrenar a los colaboradores en el área de seguridad de una empresa es una inversión muy importante. Las empresas siempre se preocuparon por esta cuestión, por el ofrecimiento de cursos, conferencias y workshops de seguridad y se vienen modernizando y acompañando la evolución de la tecnología.

Abrir esta posibilidad dentro de las empresas significa preparar mejor a los colaboradores y también aumentar la productividad y su compromiso relacionados a su seguridad y a la seguridad colectiva, significa mejorar el desempeño de los gestores y líderes de seguridad, y, consecuentemente alcanzar los objetivos y metas de la empresa.

Al final de esos eventos corporativos, es preciso entregar algún tipo de certificación que compruebe la participación de cada persona. Para esto, muchas empresas e instituciones de enseñanza proveen algún modelo de certificado de entrenamiento

Al participar de un curso, workshop o entrenamiento, las personas esperan recibir algún tipo de certificado. Es un documento muy importante y fundamental en esta situación, principalmente cuando hablamos de eventos de calificación profesional.

Algunos detalles no pueden faltar en el modelo de certificado de entrenamiento:

- El logo de la empresa o de la institución que está ofreciendo el entrenamiento;

- Nombre del entrenamiento;

- Nombre del participante;

- Fecha de realización;

- Tiempo de duración;

- Validación del certificado.

8. Fotos de los entrenamientos

Las fotografías pueden servir para que el colaborador tenga algunos recuerdos del día en que fue realizado y también del momento y de las horas que invirtió en el entrenamiento sobre seguridad.

Además de crear memorias de reflexiones y compromisos asumidos con los temas tratados.

9. Broches y adhesivos

Una de las finalidades de los broches es poder informar las premiaciones obtenidas por los participantes de algún entrenamiento o conferencias, e indican la jerarquía de la persona que lo está usando. Ellos pueden dar un significado diferencial, como también pueden ser utilizados para señalar algún asunto importante sobre seguridad (fechas significativas como mayo amarillo, noviembre azul, día del brigadista, entre otros). Es posible usar los adhesivos tanto para las finalidades mencionadas anteriormente como también para indicar un local donde esté siendo ejecutada alguna tarea específica, y para informar en el equipamiento su integridad y su autenticidad.

10. Material impreso de las campañas

Los materiales impresos de las campañas sirven para concientizar, traer asuntos importantes relacionados a la seguridad, como también informar sobre las fechas y horarios de las campañas, ayudando al colaborador con otras informaciones relevantes sobre seguridad.

11. Identificadores, carnés y mensajes de seguridad

Los identificadores y los carnés sirven para obtener acceso a algún local y/o evento de seguridad que esté habiendo, como también especificar la función o responsabilidad que el gestor, líder o colaborador tiene en el momento de su utilización, o demostrar el cargo de la persona dentro de la empresa. Los mensajes de seguridad sirven para concientizar a los colaboradores, gestores y líderes sobre su importancia, informar una fecha determinada de seguridad y también para avisos internos.

12. Informe de desempeño de la seguridad

Los informes presentan el estatus de la performance, las buenas prácticas implementadas y sirven como símbolo de la transparencia del valor "seguridad".

Reportar el desempeño es importante para:

- ☞ Entender y comunicar la marcha y el desempeño de la agenda de seguridad considerando al colaborador, gestor o líder de seguridad;

- ☞ Corregir los desvíos en relación con la seguridad;

- ☞ Presentar tendencias de los resultados;

- ☞ Celebrar y reconocer las buenas prácticas; y

- ☞ Verificar cómo están siendo usados los recursos.

13. Placa de días sin accidentes

Las placas de señalamiento de los días sin accidentes son elementos utilizados para facilitar la comunicación visual de las personas sobre la concientización de los accidentes e incidentes, trayendo siempre el recuerdo del trabajo diario con seguridad.

14. Mapa de riesgo

El mapa de riesgo es una representación gráfica de un conjunto de factores presentes en los locales de trabajo, capaces de traer perjuicios a la salud de los colaboradores: accidentes y enfermedades de trabajo. Esos factores tienen origen en diversos elementos del proceso de trabajo (materiales, equipamientos, instalaciones, provisiones y espacios de trabajo); y en la forma de organización (disposición física, ritmo, método, postura, jornada, turnos, entrenamiento, entre otros).

15. Identidad de la CIPA, brigada y equipo de seguridad

La identidad de la CIPA y del equipo de seguridad tienen como objetivo la prevención de accidentes y enfermedades causadas por el trabajo, se trata de un equipo entrenado para el enfrentamiento y soporte de las cuestiones de seguridad y sirve de portavoz, además de capturar, discutir y entender las demandas en abierto. Los brigadistas son los miembros de la brigada de incendio capacitados para realizar la prevención y el combate a incendios, como también prestar los primeros socorros, evaluar los riesgos, elaborar informes, orientar a la gente, accionar al cuerpo de bomberos, y otras acciones que tengan como objetivo salvaguardar la vida de todos los involucrados.

16. Colores de los uniformes y cascos

Los colores de los uniformes tienen como finalidad la identificación de la función del colaborador, y también informar el área específica que el mismo puede acceder de forma segura utilizando los EPP's necesarios. Otra finalidad importante de los colores es el reconocimiento de la empresa en la que trabaja, además de señalar si se trata de un novato, si la persona está embarazada, entre otros temas que podemos querer identificar.

17. Sala de la brigada

La sala de la brigada de incendios sirve tanto para reuniones, entrenamientos y charlas sobre la seguridad del colaborador, como también para guardar los materiales necesarios que el equipo utiliza en los entrenamientos (extintor, placas de señalamiento, entre otros). Constituye un símbolo de preparación para responder a las emergencias dentro de la unidad.

18. Permiso de trabajo visible en el local de ejecución del trabajo

El Permiso de Trabajo (PT) o Permiso para Trabajo (PPT) es una herramienta de prevención, que visa identificar y evaluar previamente los riesgos en cuanto a la ejecución de trabajos con potencial para provocar daños a las personas y/o a la propriedad. Tiene que estar visible en el lugar donde se ejecuta el trabajo, constituyéndose en un símbolo del planeamiento seguro del trabajo.

Informaciones Importantes:

- Limitará el trabajo a un determinado equipamiento, área o periodo de validez;

- Todos los espacios deberán ser llenados y todos los sectores involucrados deberán aprobarlo;

- El Permiso de Trabajo (PT) o el Permiso para Trabajo (PPT) aprobado quedará guardado con el ejecutante, debiendo ser presentado siempre que solicitado;

- En los cambios de turno o interrupciones de trabajo, el PT o el PPT deberá ser revalidado;

- El Permiso de Trabajo (PT) o el Permiso para Trabajo (PPT) deberá ser archivado dentro de la empresa;

- El Permiso de Trabajo (PT) o el Permiso para Trabajo (PPT) deberá estar visible en el local de ejecución del trabajo.

19. Sensores, luces y dispositivos de seguridad

Los sensores y las luces de seguridad son unos de los dispositivos de seguridad humana más importantes. Se utilizan en equipamientos con el principal objetivo de monitorear un punto de peligro de la operación e parar su funcionamiento a través de la interrupción de los haces de luz, no bien se detecta la presencia del dedo, mano, brazo o del cuerpo de una persona.

Los dispositivos de seguridad son los mecanismos responsables de la interrupción de la corriente eléctrica, en el caso de que su intensidad sea mayor que la que el aparato puede soportar. La consecuencia de esa intervención preserva los otros elementos que componen el circuito. Los dispositivos de seguridad más comunes son os fusibles y los disyuntores.

Todos son símbolos de seguridad, jamás pueden ser inutilizados, bloqueados, chanfleados. Se trata de una demostración de cuidado para con los funcionarios que trabajan con estas máquinas y equipamientos.

20. Licencias y permisos

Las licencias sirven para dar la debida autorización para que se pueda iniciar algún servicio, emprendimiento y/o manutención de acuerdo con las normas internas de la empresa, y también conforme las normas gubernamentales.

El permiso es uno de los primeros documentos solicitados para el funcionamiento de un negocio. La empresa no está autorizada a iniciar sus actividades hasta la concesión de este documento que certifica la aptitud de la actividad deseada para el local escogido.

Este permiso es un documento obligatorio para todos los tipos de establecimientos comerciales, industriales, agrícolas, sociedades, asociaciones, instituciones y prestadores de servicios; ya sean personas físicas o jurídicas. Es emitido por las intendencias, variando su procedimiento de acuerdo con la legislación de cada municipio.

La intendencia también es la responsable de la fiscalización del cumplimiento de las reglas, pudiendo imponer multas y otras sanciones en el caso de incumplimiento. Los Órganos de Defensa Estadual o Municipal del Consumidor también son competentes para realizar fiscalizaciones, penalizaciones y aplicación de sanciones.

Estar con todas las licencias y permisos al día trae el mensaje de que podemos operar y que es seguro.

21. Actas de reuniones

Un acta consiste en un registro escrito con el objetivo de reproducir todos los acontecimientos, discusiones y decisiones tomadas en una reunión o asamblea con relación a las áreas de seguridad.

22. Planes de acción

El plan de acción es una herramienta de gestión muy utilizada para el planeamiento y acompañamiento de las actividades necesarias para alcanzar el resultado deseado en el área de seguridad. El plan de acción permite el acompañamiento de la ejecución de las actividades más importantes, para conseguir determinados objetivos y metas relacionados a la productividad, a la seguridad de la empresa y a la del colaborador.

23. KPI's

KPI es la sigla para los términos en inglés Key Performance Indicator, que significa Indicador Clave de Desempeño. Este indicador en el área de seguridad de la empresa se usa para medir el desempeño de los procesos y, con esas informaciones, colaborar para el alcance de los objetivos relacionados a la seguridad.

Por medio de los KPI's de seguridad, todos los colaboradores conocen y se involucran en la misión de la corporación, a fin de alinear los esfuerzos alrededor de las estrategias establecidas por sus superiores.

De esta forma, por medio de los resultados apuntados en los KPI's , es posible cuantificar el desempeño en seguridad de la empresa y permite que los colaboradores entiendan cuánto sus actividades colaboran para el éxito de esos números.

24. Estructura física

La estructura física u organizacional en seguridad es la forma por la cual las actividades desarrolladas por una empresa son divididas, organizadas y coordinadas con un enfoque que incluye la descripción de los aspectos físicos (ej.: instalaciones, humanos, financieros, jurídicos, administrativos y económicos), teniendo siempre como valor la seguridad de la empresa y del colaborador.

Las buenas condiciones estructurales traen un mensaje de cuidado y de que existe una preocupación por el bienestar de todos los trabajadores.

25. Orden y limpieza

La responsabilidad del orden y de la limpieza pertenece a todos. Cada empleado es responsable de mantener limpio y ordenado su ambiente de trabajo, de modo que cada equipamiento o herramienta de trabajo esté en su debido lugar, que no esté sucio y que no haya materiales dispersados en el local.

La falta de orden y limpieza crea con frecuencia, problemas que afectan la productividad y la eficacia de las operaciones. Contribuye para el relajamiento de los hábitos de higiene personal y aumenta la propensión a las enfermedades profesionales y accidentes del trabajo.

En un local de trabajo en orden y limpio, existe un ambiente más agradable y saludable que refuerza una actitud positiva de los colaboradores, aumentando la producción y disminuyendo los riesgos de accidentes. Debido a esto, el orden y la limpieza son necesidades básicas que forman parte integrante de nuestro ambiente de trabajo.

26. Estado de conservación de los baños

El estado de conservación de los baños de una empresa debe cumplir con las normas de seguridad internas y con las normas de la vigilancia sanitaria. Estando en buenas condiciones, habrá mayor productividad y mejor aprovechamiento de los colaboradores en sus funciones, como también una minimización de accidentes relacionados a la seguridad; además de pasar un mensaje de cuidado con el bienestar y la salud de los empleados. Podemos considerar aquí la pirámide de Maslow y su importancia para la autoestima de cada colaborador.

27. Comida y comedor

Las instalaciones de los comedores de una empresa deben cumplir con las normas de seguridad internas y con las normas gubernamentales. Los alimentos deben ser de buena calidad y respetar las porciones recomendadas para cada colaborador; además de pasar un mensaje de cuidado con el bienestar y la salud de los trabajadores.

Otro punto para considerar es que el desempeño de la empresa está vinculado con la manutención de la salud de los colaboradores. Una alimentación adecuada es la base sobre la cual está asentado el bienestar total, físico y emocional del colaborador.

Un colaborador malnutrido tiene sus funciones vitales comprometidas, entonces estará más propenso a accidentes y/o enfermedades ocupacionales. Siendo así, la alimentación correcta del colaborador debe ser sumamente importante para a empresa.

28. Condiciones inseguras

Las condiciones inseguras son aquellas situaciones presentes en el ambiente de trabajo que colocan en riesgo la integridad física y/o la salud de las personas. Son los defectos, fallas, irregularidades técnicas y falta de recursos de seguridad. Las condiciones inseguras pasan mensajes de descuido, poca importancia para con el valor: seguridad.

29. Estado de los vehículos

El estado de los vehículos de la empresa, deben cumplir con todas las normas de seguridad gubernamentales establecidas para la seguridad del colaborador, como también para su mejor utilización. Así como las instalaciones industriales, los vehículos y su respectivo estado de conservación, reflejan la importancia del valor seguridad.

30. Sello de manutención al día

Todos os sellos de manutención deben seguir las normas de seguridad gubernamentales establecidas. El colaborador en ninguna hipótesis puede violar el sello de manutención de seguridad del equipamiento o burlar el mismo cuando indica algún sector donde están ejecutando la conservación. Entre los requerimientos destacamos que en el sello debe constar: plazo al día, plazo de validez del equipamiento vigente, local o equipamiento donde se está haciendo la manutención, persona responsable de la misma, entre otros.

DE LA TEORÍA A LA PRÁCTICA

Principios Inspiradores para una Fuerte Cultura de Seguridad

Para hacer una diferencia en la vida de alguien, no precisas ser brillante, ni rico, ni lindo o perfecto. Precisas solo cuidar.

Mandy Rale

A lo largo de los años que estudio y trabajo con la seguridad del trabajo, aprendí que el primer y más importante sinónimo de seguridad es cuidado. Y cuando se habla de cuidado, es importante resaltar que él existe en tres diferentes dimensiones.

> El primero: yo me cuido a mí mismo.
>
> El segundo: yo cuido a mis colegas.
>
> El tercero: yo me permito ser cuidado.

Cualquier pueblo del mundo comprende lo que es cuidado: independe de costumbres, idioma, diferencias sociales o geolocalización. Más que eso, no ve jerarquía, no se paraliza por ella, no se corrompe. Y es un fenómeno básico de la existencia humana.

Pero, aun siendo algo básico de todo ser humano, no quiere decir que no pueda ser culturalmente aprendido. Tanto es, que de la manera como fuimos cuidados o expresamos cuidado, influye en nuestra propia forma de cuidar (ROACH, 1993). De ahí la importancia de ver el cuidado como algo extremadamente vivo y orgánico, y de humanizar la seguridad dentro de las organizaciones. El cuidado transforma la seguridad tradicionalmente reconocida como burócrata en relacional.

Llevando esto en consideración, al concentrarnos en crear una nueva cultura de seguridad, se hace más urgente, poderoso y eficiente tratar el POR QUÉ en lugar del QUÉ. Medidas y reglas aisladas de seguridad no dan resultado si no entendemos los motivos por los cuales fueron creadas, a quién se destinan, y lo que pretenden cambiar culturalmente.

En mi trabajo dentro de empresas y como consultora, desarrollé seis principios que considero fundamentales en esta jornada para explicar elecciones, los por qué. Son los argumentos principales que hacen – o, si aún no hacen, deben pasar a hacer – al desafío de la seguridad, una constante búsqueda por la excelencia.

Para crear una cultura que sea fuerte y sustentable, el modelo del trabajo precisa inspirar, generar confianza, apuntar los motivos correctos y de hecho transformadores, aquellos capaces de unir a las personas del equipo, y todo a partir del significado de CUIDADO.

Listo seis principios a continuación, sin orden de importancia, una vez que para mí son todos fundamentales por igual.

Principio 1: Seguridad es un valor

En muchas empresas, y durante muchos años, la seguridad siempre fue vista como una prioridad. Pero las prioridades cambian con el tiempo: lo que es la cosa más importante hoy, puede no serlo más, mañana. Y esto no puede suceder. Por lo tanto, la seguridad precisa ser un valor, y no una prioridad. ¿Y qué es un valor para ti? Me gusta reflexionar sobre lo que esto significa y, al hablar sobre el tema en mis conferencias, cito el ejemplo de los grandes navegadores, exploradores que viajaban por todo el mundo en busca de nuevas tierras y que trazaban sus rutas a partir de la posición de las estrellas.

Nuestros valores, desde mi punto de vista, son algo parecido a eso, son nuestros guías, nuestra dirección, nuestras estrellas. Ellos justifican nuestra manera de actuar, las decisiones que tomamos y las elecciones que hacemos.

Es imposible alcanzar la excelencia en seguridad si no se la ve como un valor, como un norte para cada individuo y tampoco si no está internalizada en nuestras organizaciones. Valores no son negociables, son resguardados y preciosos para nosotros. Muchas veces traen consigo historias, comportamientos; son fruto del legado de alguien. Los valores alimentan las prácticas y ofrecen un sentido de dirección común. También establecen los modelos que deben ser implementados.

Es importante recordar que los valores pueden ser absolutos y universales o relativos. Según la ética y algunos filósofos, cuando los valores son relativizados, tienden a ser inconstantes y unidos a una serie de otras circunstancias, como la educación que la persona recibió o al contexto social e histórico en el que vive.

En estos casos, ¿cuál es el mejor camino para reconocer los valores de una empresa o equipo, estandarizarlos y diseminarlos? Según mi propia experiencia, este camino atiende por el nombre de escucha activa. Saber dialogar, comprender e interpretar lo que sus colaboradores piensan, en qué creen, cuáles son sus dudas y qué buscan, es fundamental para ajustar algunos valores.

Pero cuando hablamos de seguridad, hablamos de un valor absoluto. Nadie quiere colocar su propia vida en riesgo, ni la de su colega. Independe de las circunstancias variables. Una persona que considera como valores la seguridad y el cuidado, los tendrá dónde, cuándo o con quién esté: en el trabajo, en casa, con amigos o solo.

Para que las prácticas de seguridad sean respetadas dentro de una empresa, es preciso que el tema sea tratado como un valor, y no solo como una prioridad. Porque un accidente – algo que escapa a este valor – es indisculpable, inaceptable e impagable. Nuestra vida y la vida de la gente bajo nuestra responsabilidad no son negociables. Si pudiéramos jerarquizar los valores, la seguridad probablemente estaría en la cima de la lista, una vez que dice al respecto de proteger vidas, de proteger la integridad física de las personas. ¿Qué puede ser más importante que esto?

Creo que nuestra misión es significar las cosas. Mientras la seguridad sea percibida como procedimiento, regla, o EPP, no vamos a conseguir llegar a la escala de valores de las personas. Por eso es tan fundamental significar el cuidado.

Principio 2: Seguridad es sobre personas

Para muchos, y por mucho tiempo, seguridad significó exclusivamente procedimientos, reglas, cumplir límites de velocidad, el guarda de tránsito, el cinturón del automóvil o incluso EPP's. Muchas veces, solo fue importante porque sería un resultado de auditoría, de cantidad de horas de entrenamiento. Si de hecho estos no eran los objetivos, era eso lo que la forma de comunicar y de traer seguridad hacia adentro de la corporación hacían parecer.

¿En qué momento, exactamente, nos olvidamos de que el engranaje principal, el bien más valorable que tenemos en nuestras vidas, en nuestros negocios, son las PERSONAS?

Sí, seguridad debe ser sobre cuidar personas, prevenir que ellas no dejen de retornar a sus casas, a sus familias. Independientemente de la posición que ocupa, me gusta mirar a cada trabajador y pensar siempre en quienes están en casa esperándolo. Tener la certeza de que es importante para alguien.

Nuestro trabajo en seguridad comienza al entender quién es el cliente principal, quién debe ser oído e involucrado en nuestras acciones.

Por eso, en este libro pretendo encorajarte a que tengas una visión humanizada sobre seguridad, entendiendo que el 100% de los accidentes lo define la gente con su comportamiento frente al riesgo. Si queremos (¡y queremos!) evitarlos, precisamos empoderar a las personas de seguridad, entender sus motivadores, la forma como toman decisiones. Nosotros debemos oírlas y acercarlas más, de manera a influirlas para que multipliquen la seguridad y transformen sus visiones por medio de una nueva cultura. Precisamos llevar seguridad al centro de sus vidas.

Es necesario entender y saber cómo estas personas llegan al trabajo todos los días y tener un interés genuino por su mundo, esto es lo que evitará nuevos accidentes. ¿O crees que llegar al trabajo después de haber sido maltratada en casa, o de enfrentar el problema con drogas del hijo, o de cuidar de la madre enferma, o saber que el marido perdió el empleo, no interfiere en los riesgos y en el modo de cómo esta persona va a trabajar?

No podemos ignorar a la gente, precisamos interesarnos, tener una voluntad genuina de plantar en ella la convicción del cuidado, comprobarle que la seguridad es la mejor elección. Por eso la principal herramienta de fortalecimiento de la cultura de seguridad, es el diálogo. Recuerda: el cuidado es contagioso. Quien lo recibe se lo transmitirá a otras personas.

Principio 3: Tú eres el mayor responsable de tu seguridad

Imagina que llamas un taxi y que, al entrar al auto, percibes que el chofer está borracho. ¿Qué haces en ese instante? Bajas del taxi, ¿cierto? Porque nunca podrías confiar tu seguridad en alguien bajo efecto de alcohol. En casos extremos como este, casi siempre tomamos las riendas para no correr riesgos. Pero ¿y si, en el mismo ejemplo del taxi, el conductor estuviera hablando en el celular, o manejase en alta velocidad, sin mucha prudencia? ¿Será que le dirías que quieres bajar del auto? Si tu respuesta no fue "sí", debería haber sido. En esta situación tampoco se puede ser permisivo. Por un simple motivo: la responsabilidad de nuestra propia seguridad es fundamentalmente nuestra, no es algo delegable. Culpar a alguien después del accidente no evita que haya acontecido. Por lo tanto, es preciso actuar antes del daño. Me gusta pensar que nunca vamos a tropezar con una montaña grande, y sí con las pequeñas piedras que decidimos dejar por el camino.

Las organizaciones deben entender y comunicar ampliamente este concepto, pues traduce las principales incumbencias de seguridad que precisamos desarrollar en la gente: el VER y el ACTUAR. Los dos andan juntos con la percepción de riesgo, pero es preciso evidenciarlos con fuerza, porque las personas deben desarrollar actitudes que juntas, construyan, un ambiente seguro.

No basta ver una situación peligrosa y alertar sobre ella. Las investigaciones sobre accidentes están casi siempre cargadas de mensajes del tipo "yo avisé", "yo sabía que algo podría acontecer", comentarios que no devuelven vidas, mucho menos la integridad de quien pasó por el episodio. En general las personas no se sienten responsables de la seguridad, la ven como una especie de entidad o un departamento que no tiene nada que ver con ellas. Además de ver, es preciso actuar, cosa que todavía sucede con poca frecuencia.

Cuando el asunto es seguridad, poco se actúa y mucho se delega. Si somos los mayores responsables de nuestra propia seguridad, ¿por qué aún es tan común dentro de las empresas el pensamiento de que la seguridad es cosa de un "equipo x" o "departamento y"? Muchos creen que el mundo ideal sería que existiera un técnico de seguridad acompañando a cada funcionario y/o se sienten seguros solo cuando el departamento de seguridad está cerca.

No puede ser así. Un ambiente seguro se construye diariamente, por todos, está lleno del "ver y actuar". Más que desear seguridad, es necesario practicar la seguridad. Todos somos dueños de ella. La percepción de riesgo, el ver y el actuar, no son exclusivos para los técnicos e ingenieros de seguridad, están disponibles para todos los que entiendan su papel y su llamado. No podemos permitir que la seguridad sea tratada o que se comporte como Entidad dentro de la Organización.

Es preciso entender que vamos a alcanzar los niveles de seguridad que demostremos querer. Es así de simple, una ecuación directamente proporcional.

Principio 4: Seguridad es una condición de permanencia en el empleo

¿Quiénes son las personas que están dentro de las organizaciones? Según el consultor Simon Sinek, nuestros equipos están formados por:

el 20% de protagonistas: son aquellos llamados de constructores de puentes, están todo el tiempo buscando formas de conectar personas, procedimientos y acciones para garantir el comportamiento seguro;

el 60% de seguidores: es la gran mayoría, no posee un sentido de objetivo de seguridad y acaba siendo guiado por otros que los inspiran de alguna forma;

el 20% de *haters*: los odiadores son aquellos que no aceptan obrar con seguridad, niegan su importancia y atentan contra su propia vida y la de terceros, o sea, son personas peligrosas.

Lo que queremos en relación con la seguridad es tener líderes y funcionarios que busquen excelencia, sin negociar el cuidado como moneda de cambio. De modo que, es fundamental garantir que los 60% de seguidores se inspiren siempre en los protagonistas, y nunca en los *haters*.

Eso me trae una reflexión sobre los héroes, aquellos a quien se tiene como ejemplo en el ambiente de trabajo. Los héroes siempre me atrajeron por su habilidad de dar vuelta el juego en el último segundo. Son los llamados salvadores de la patria. En algún momento, comenzamos a desear contar en nuestros equipos con estos "héroes" que parecen poseer superpoderes.

Pero no siempre todo son flores, y desafortunadamente nuestros héroes muchas veces tampoco retornan a casa, casi siempre por sus posturas de odiadores de la seguridad. Son víctimas de accidentes, por su visión miope y su negación. El problema que veo es que no podemos llamar más a los odiadores de héroes, esa visión distorsionada acontece exclusivamente por falta de planeamiento, porque aquellos que apagan el fuego en momentos de emergencia acaban siendo condecorados, aunque lo hayan hecho de manera incorrecta, exponiendo sus vidas y la de terceros.

La reflexión que en realidad quiero promover aquí es sobre a quienes estamos llamando de ejemplos. El reconocimiento es un ritual fundamental para el fortalecimiento de la cultura de seguridad y, por lo tanto, precisa estar en tu agenda de forma calendarizada, rutinaria. ¿Pero a quién has reconocido? ¿Qué tipo de mensaje has endosado y refrendado? Según las estadísticas, el 98% de las personas que se involucran en accidentes son proactivas, o sea, tienen deseos legítimos de alcanzar objetivos personales y de negocio, pero piensan cero en seguridad.

Nuestros mensajes de reconocimiento deben reforzar la importancia del comportamiento seguro, valorizar el paso a paso del cumplimiento de los procedimientos operacionales. Los héroes no pueden ser personas que se ven con superpoderes, que a todo momento prueban sus límites, pasando por encima de procedimientos, buscando excepciones y provocando un improviso por medio de esa "manera" peculiar del brasileño.

¡Que seamos enfáticos y podamos reconocer a los héroes que trabajan con real seguridad! A aquellos que quiebran paradigmas y descartan comportamientos y argumentos inaceptables como: "aquí siempre fue así", "todo el mundo lo hace de esa forma", "nunca tuvimos un accidente acá", "la manera segura es más cara", "hacer con seguridad demora más", etc.

¡Que sean reconocidos aquellos que comprueban, diariamente, que hacer con seguridad es la única manera de hacer! Precisamos devolver al mercado de trabajo a quienes no piensan o actúan así, a fin de salvar sus vidas, darles la chance de reflexionar sobre el por qué están dejando la compañía y permitir que se vayan.

Recuerdo una vez haber tenido que hacer esa elección, cuando un supervisor quebró una regla salvavidas en una de nuestras fábricas. Él trabajaba hacía 33 años en la empresa y estaba haciendo un trabajo con otras dos, en nuestro sistema de refrigeración con amoníaco. Los tres estaban allí, en aquel ambiente, sin el debido permiso para el trabajo. Veamos: en 33 años de empresa ¿es posible creer que aquella había sido la primera vez que estaba ejecutando un servicio sin permiso? Y más: ¿crees que alguien que no cumple las reglas o los procedimientos de seguridad hace esto solo en lo que a ella se refiere? Aquel día, perdimos a un gran colega, perdimos todo el gran patrimonio de conocimiento que él poseía, pero ganamos algo que nunca conseguiríamos comprar: su vida, su integridad física, y la de sus colegas. Y ningún patrimonio de conocimiento es mayor que el valor de una vida.

Es importante recordar que hay violaciones que llegan a ser criminosas, y es a ellas que precisamos estar aún más atentos y menos tolerantes. Quienes las ejecutan no pueden tener un plan profesional próspero dentro de las organizaciones.

Principio 5: El líder inmediato es el responsable de la seguridad de su equipo

La definición del diccionario es clara: líder es aquella persona con capacidad de influir en las ideas y acciones de otras. Si posee seguidores, precisa ser un ejemplo. Para mí, esta definición va más allá. Líder en seguridad es el individuo que inspira, influye, estimula, desarrolla y empodera el comportamiento seguro, demostrando visible y genuinamente que seguridad es un valor. Muchos líderes, sin embargo, parecen olvidarse de eso.

Con relación al líder, me gusta imaginar que estamos todos frente a un espejo grande, y que nuestras actitudes, elecciones y decisiones son constantemente reflejadas en el modo de trabajar y de actuar de nuestros equipos.

En el pasado, cuando era necesario investigar un accidente, siempre que fuese posible era común traer al accidentado, a los testigos, al líder del sector, a los miembros de la Cipa para acompañar y contribuir con el área de seguridad y de recursos humanos.

El episodio parecía un interrogatorio policial y, como se buscaba siempre la falla, el propio accidentado era el principal culpable. Por estos y otros, muchas veces los equipos de seguridad eran reconocidos como verdaderos sheriffs dentro de las fábricas. Este modelo está fallido. Hasta que eso aconteció, no obstante, erramos mucho: en el trato con los involucrados, en la tratativa, en el establecimiento de los planes de acción y, consecuentemente, en la elaboración e implementación de la lección aprendida en cada accidente.

Actualmente, la orientación y la recomendación fuerte es que tanto el funcionario directamente involucrado como su líder inmediato sean investigados. Seguimos el mismo abordaje con ambos, pero sin el tono policial o acusatorio, porque debemos reforzar el concepto de que un equipo es el reflejo de su líder. Y las medidas investigatorias no pueden ser aplicadas solamente al funcionario. Su líder también precisa entender su papel como líder en seguridad.

Principio 6: Todos os accidentes pueden ser evitados

En un ambiente controlado, todos los accidentes pueden y deben ser evitados. Un accidente nunca se justifica. Si hubo un episodio, es preciso entender qué sucedió para que aconteciera, porque algo estaba errado y debe ser inmediatamente corregido.

DE LA TEORÍA A LA PRÁCTICA

El Liderazgo en la Transformación Cultural: La Inspiración y la Sustentación de la Seguridad

---

"El liderazgo se refiere básicamente a influencia.

Nada más que eso. Nada menos que eso"

John Maxwell

Antes de comenzar, me gustaría que tú, lector, respondieses la siguiente pregunta: ¿quién es el líder de salud y seguridad dentro de la empresa donde actúas? Si pensaste en uno o dos nombres, ya te digo: hay algo errado ahí.

La definición de líder dentro de la cultura de seguridad dice que es un individuo que inspira, influye, estimula, desarrolla y empodera el comportamiento seguro dentro de la corporación, demostrando visible y genuinamente que seguridad es un valor fundamental. De modo que, para que de hecho la cultura de seguridad sea algo inspirador y sustentable, es necesario que incluso los líderes de otras áreas y no solo los de la seguridad adopten esta conducta para sí mismos. Más que eso, yo diría que es fundamental que todos los colaboradores, independientemente de niveles jerárquicos y responsabilidades, se vean como líderes cuando el objetivo es cuidar de sí y de los otros, de salvar vidas.

Y en la posición permanente de líderes, es fundamental diferenciar las acciones urgentes de las importantes. Las urgentes solucionan las demandas de corto plazo. Pero son las acciones importantes que potencialmente garanten el futuro y la sustentabilidad de la seguridad. Una decisión adecuada entre una u otra es capaz de promover asertividad en salud y seguridad de forma consciente, con calidad y solidez, demostrando coherencia y constancia.

Tópicos como esos deben estar plenamente absorbidos en la cultura de un líder, como valores fundamentales en su toma de decisión.

Al mismo tiempo, es importante resaltar que no existe cultura de seguridad positiva sin liderazgo. No obstante, desafortunadamente es todavía bastante común que la visión de líder esté restricta a pocos individuos, y de manera un tanto burocrática. Lejos de ser un valor, la seguridad muchas veces es solo una obligación legislativa, y acaba delegada a personas más jóvenes o menos competentes en sus papeles de líderes o con menos autonomía. En la gestión de seguridad aún se piensa mucho en el "qué", cuando sería necesario enfocar siempre en el "cómo" y en el "por qué".

Es paradójico que las empresas, cada vez más, perciben y discuten el papel del liderazgo en la cultura organizacional, pero aún no hacen lo mismo con relación a los líderes en el área de seguridad.

El buen líder está preocupado por determinar metas y objetivos, toma decisiones sobre lo que debe hacerse y motiva e inspira a los demás a hacer lo necesario. Reconoce e incentiva a tiempo y de forma integral los talentos y habilidades de su equipo, y por eso es crucial en la construcción, modificación y manutención de la cultura de seguridad. No basta que el buen líder indique caminos. Él ejecuta, en lugar de solo hablar.

Walk the talk

No hay duda de que actualmente la gran mayoría de las empresas ve la salud y la seguridad como un valor fundamental. Muchas, inclusive, colocan la construcción de la cultura de seguridad como prioridad. Sin embargo, es nítida la enorme distancia que aún existe entre el "querer", el "considerar importante" y el "realizar" de hecho.

Una encuesta acerca de seguridad realizada por Deloitte en 2017, en Nueva Zelanda, entrevistó a 169 CEOs de diferentes empresas de los sectores privado y público. Los resultados mostraron que, cuando cuestionados sobre riesgos de accidentes, nueve en cada diez CEOs respondieron que consideran controlados efectivamente los riesgos dentro de sus corporaciones. No obstante, el 25% dijo que tales riesgos todavía no están bien documentados (descriptos y comprendidos).

Esta es una prueba evidente de la distancia que existe entre lo que se pretende y lo que de verdad se consigue alcanzar. Entender cuáles son los riesgos e identificarlos, es un paso crucial para su efectivo monitoreo. Si ni siquiera han sido comprendidos, ¿cómo podrían haber sido controlados, como cree el 90% de los CEOs?

La mesma encuesta apuntó que uno en cada cinco CEOs aún no tiene claro lo referente a papeles y responsabilidades para el control de riesgos dentro de la empresa y que más del 40% no está personalmente involucrado con acciones que promuevan compromiso cuando el asunto es seguridad.

La realidad es la misma en muchas corporaciones brasileñas. Ver la seguridad como un valor importante, pero no vivirlo en la práctica, es crear una barrera en la construcción de una cultura fuerte. Las acciones valen más que las palabras. Es preciso actuar de acuerdo con aquello que se pregona, dar ejemplos, inspirar.

Factores de liderazgo

¿Qué exactamente, convierte a alguien en un líder y gestor eficiente en seguridad? La calidad y la productividad son fundamentales, igual que en las demás áreas operacionales. Algunas encuestas, no obstante, señalan otros dos factores importantísimos en seguridad: el cuidado y el control del comportamiento de los colaboradores. Esto quiere decir que un líder en seguridad debe celar por el bienestar de la gente, relacionarse bien con el equipo, mantener una buena comunicación y estar disponible, controlando siempre el establecimiento y cumplimiento de las metas y el desempeño esperado, sin dejar caer la motivación.

Liderazgo eficiente

Los líderes más eficaces son aquellos que saben oír antes de tomar decisiones. Las acciones de seguridad deben ser definidas en común acuerdo con las personas involucradas, para garantir mayor grado de comprometimiento y su consecuente resultado. Dada atención a lo que los colaboradores dicen, el líder también abre un importante canal de diálogo para la resolución de problemas que muchas veces, solo se perciben en el día a día, durante la práctica de las actividades. Este espíritu cooperativo contribuye para la formación de una cultura de seguridad sólida y sustentable, como lo demuestra una encuesta realizada en 2010 por la consultoría BST Solutions. Según los resultados, trabajar la agenda de seguridad solo con la línea de frente operacional durante un año, reduce en promedio, el 25% de las ocurrencias. Pero, si esta agenda incluye al liderazgo, la reducción tiende a subir para el 40%.

Un líder eficiente debe:

- convertir la seguridad y la salud del trabajador en un valor fundamental dentro da organización;

- estimular y celar por el comprometimiento de todos – inclusive el de él mismo – para eliminar riesgos, protegiendo a sus colaboradores y buscando mejorías continuamente para tornar el ambiente más y más seguro;

- comunicarse con el equipo, apuntando fallas y las debidas correcciones;

- especificar metas, plazos y formas para que éstos sean alcanzados;

- dar el apoyo necesario y ofrecer recursos para que el equipo sea capaz de lograr las metas propuestas;

- ser un ejemplo por medio de sus propias acciones.

Mi vasta experiencia me muestra que los líderes que alcanzan más rápidamente las metas de seguridad son aquellos capaces de inspirar a su equipo, de llegar al corazón de las personas para que traten, en cada una de sus acciones diarias, hacer lo mejor por la salud y la seguridad de todos. Para esto, precisa buenas dosis de carisma, empatía y entusiasmo. La influencia de un líder en seguridad nunca puede darse por medio de poder, estatus o autoridad.

Comportamiento del liderazgo

Ya vimos que un líder en seguridad debe ser alguien confiable y que actúe como un ejemplo para los demás funcionarios. ¿Pero qué hacer, de forma práctica, para conseguir eso? Listo a seguir 13 comportamientos que sin duda refuerzan al liderazgo en salud y seguridad dentro das organizaciones:

1. Hable directamente

Transmita un mensaje propio que traduzca lo que significa la seguridad para usted.

2. Demuestre respeto

Hable con respeto sobre los valores, entre ellos la preservación de la vida y la integridad física de todos en la organización.

3. Sea transparente

Hable abiertamente sobre los resultados, de manera a estimular los próximos pasos.

4. Sea correcto

Sea un ejemplo en el comportamiento seguro, no incumpliendo reglas, normas y procedimientos de la compañía.

5. Muestre lealtad

Sea leal a las creencias, proyectos y visión de futuro de la seguridad. Apoye el área de seguridad, sin correr el riesgo de parecer "dos caras" ante os funcionarios.

6. Entregue resultados

Haga un follow-up continuo de los planes de acción y de las metas, estimulando la superación de los resultados.

7. Mejore siempre

Analice críticamente los aciertos y los errores de manera a proporcionar y extraer un aprendizaje.

8. Confronte la realidad

Confronte las creencias limitantes. Cuando oiga un "siempre lo hicimos así y nunca aconteció nada" o un "todo el mundo lo hace de esta forma", muestre que los riesgos son aún mayores cuando se piensa de este modo.

9. Aclare las expectativas

Deje claro siempre cuáles son sus expectativas en salud y seguridad.

10. Rinda cuentas

Conduzca el rendimiento de cuentas relacionadas a la seguridad de su equipo y/o unidad.

11. Escuche primero

Sepa lo que la operación, los pares, el área de seguridad tienen para decir, antes de asumir una posición.

12. Mantenga compromisos

Su palabra vale oro y debe ser mantenida.

13. Extienda la confianza

Construya una relación de confianza con los equipos, con los pares y con el área de seguridad.

Modelos y acciones prácticas para el liderazgo

"El comportamiento y las actitudes para la seguridad de los individuos están influenciados por sus percepciones y expectativas al respecto de la seguridad, dentro del ambiente de trabajo. y los modelos de estos comportamientos acaban siendo aquellos que corresponden a las prioridades demostradas en la práctica, por los líderes de la organización, independientemente de la política de seguridad vigente." La frase de Dov Zohar, especialista en psicología organizacional y profesor del Instituto de Tecnología de Israel, refuerza el papel del liderazgo en la construcción de la cultura de seguridad.

Zohar, un gran investigador del comportamiento y de la seguridad hace más de cuatro décadas, fue el primero a usar el término "clima de seguridad", en los años 1980, y que acabó evolucionando para algo aún más amplio, la cultura de la seguridad. Para el profesor, los líderes solo son capaces de construir una cultura para sus subordinados, por medio de mensajes activos y simbólicos.

Sobre el comportamiento de seguridad esperado dentro de las organizaciones, Zohar es categórico al afirmar que también depende de la actuación del liderazgo, y diseñó una estrategia que los líderes deben seguir para mejorar este comportamiento dentro de sus corporaciones. Según el estudioso, además de eficiente, su metodología tiene bajo costo y es de simple implementación.

Ella está basada en tres tácticas de influencia:

a) definir metas diarias (de comportamiento de seguridad) que dependan de las tareas de los funcionarios (una lista de QUÉ hacer y QUÉ NO hacer, por ejemplo);

b) crear turnos diarios de monitoreo para observar la performance del equipo y si se están aproximando de las metas definidas al inicio del día;

c) crear consecuencias inmediatas para el comportamiento observado, tanto para el positivo como para el negativo.

La metodología de Zohar cita también algunas prácticas para mejorar el clima de seguridad en la organización, o sea, la percepción que las personas del equipo tienen sobre seguridad.

a) realizar encuestas mensuales sobre el clima, con preguntas que se puedan responder rápidamente (de preferencia con números en una escala);

b) enviar cada mes las encuestas a sectores aleatorios, para crear el elemento sorpresa;

c) las notas del clima serán comunicadas como feedback, permitiendo que la gerencia de cada sector compare sus números con los de otros sectores y con los suyos mismos, de meses anteriores.

Otro plan bastante difundido es el de la OSHA – Occupational Safety and Health Administration -, agencia del Departamento de Trabajo de los Estados Unidos. Para ellos, un modelo 6 estrellas de liderazgo para seguridad incluye:

a) supervisión;

b) entrenamiento;

c) rendimiento de cuentas (accountability);

d)   recursos adecuados;

e)   soporte psicosocial;

f)   comunicación adecuada.

Para la OSHA, tales responsabilidades deben ser seguidas por todo el liderazgo organizacional, no solo por los líderes definidos para cuidar de salud y seguridad. La organización también enumera cuatro diferentes acciones que considera esenciales para la construcción de una cultura de seguridad sólida:

Acción 1: Comunique el compromiso con la seguridad y la salud

Una política por escrito debe informar que la seguridad y la salud de todos es uno de los valores principales de la empresa, tan importante como la calidad, el lucro y la satisfacción del cliente. Divulgue esta política a todos y, más que eso, vívala en la práctica, en sus decisiones, en la contratación de proveedores, en la compra de nuevos equipamientos... Esté adonde sus funcionarios están, mostrándoles que usted actúa conforme las reglas que pregona.

Acción 2: Defina las metas

Las metas son fundamentales, pero piense en crear algunas que sean también alcanzables a corto plazo. Al establecer únicamente las de largo plazo, el equipo se siente desestimulado en el día a día. Piense que deben ser realistas y mensurables, y que deben centrarse también en prevención, y no solo en los números finales de accidentes y heridos.

Acción 3: Asigne recursos

Planeamiento y mucho diálogo con quien está en el nivel más bajo de la fábrica, es fundamental para que se provean los recursos que de hecho son necesarios para la prevención de nuevos accidentes. La seguridad y la salud precisan formar parte del presupuesto de la empresa, con programas sólidos y que tengan continuidad.

Acción 4: Acompañe la performance

El papel del líder de la compañía es estar siempre informado de los resultados y de las metas, alcanzados (o no) en seguridad. Una manera de conquistar la confianza de todos para que incluso los casi accidentes sean reportados, es creando programas de reconocimiento y programas de confidencialidad. a fin de que en el futuro sean evitados.

Los modelos de Zohar y de la OSHA son solamente algunos entre los muchos existentes cuando el asunto es promover un liderazgo eficiente en la construcción de la cultura de seguridad.

Para apalancar y mantener esta cultura dentro de las organizaciones, listo en mi libro "Guía Práctico del Liderazgo por la Seguridad", acciones de aplicación simple e inmediata, todas experimentadas y con buenos resultados comprobados en la práctica. Ellas se presentan divididas en cinco grandes bloques temáticos: Cara a Cara; Comunicación; Levantamiento de Escenarios y Planes de Acción; Soporte y Compromiso.

Cara a Cara: las acciones ojo en los ojos son, para mí, insustituibles cuando hablamos de liderazgo en seguridad. La interacción física del líder con su equipo es fundamental para quien pretende transmitir valores y creencias, construir relaciones de confianza y credibilidad y conseguir más compromiso. Ir hasta el nivel más bajo de la fábrica, observar, y principalmente saber oír lo que los trabajadores tienen para decir, es la mejor manera de entender los miedos, las preocupaciones y las inseguridades. Es más, la proximidad y las conversaciones francas con diferentes individuos, lo llevan al líder a comprender cómo viven y cuáles son sus miedos, preocupaciones e inseguridades fuera del ambiente de trabajo también; factores que, sin duda, influyen en los riesgos de accidentes dentro de la organización. Diálogos libres de juicio, con respeto y un interés genuino, muestran cuánto un líder está dispuesto a garantir, de verdad, el bienestar de su equipo.

Comunicación: es otro ítem fundamental para comprometer a la gente, direccionar acciones y alcanzar las metas propuestas en seguridad. La participación del liderazgo con todo el equipo en una comunicación sistémica y trasparente es lo que va a construir una cultura sólida y perenne.

Una buena comunicación debe tener un lenguaje adecuado, calidad y objetividad en la información y, principalmente, estar bien dirigida a quien se pretende alcanzar con ella (receptor). La forma y los canales escogidos para transmitir el mensaje son importantísimos para tornarla asertiva. Son muchas las opciones para decir lo que debe ser dicho buscando seguridad: periódico, intranet, e-mail, charlas, redes sociales, vídeo, juegos, informes, etc.

Una herramienta que se muestra extremadamente eficiente – he visto eso a lo largo de mi carrera – es la compartición de historias y experiencias reales vividas por los propios colaboradores. El llamado storytelling es un recurso rico capaz de crear identificación inmediata, de tocar el corazón del receptor de forma especial e inolvidable.

Levantamiento de escenarios: el liderazgo en seguridad también debe estar preparado para mapear diferentes escenarios y crear nuevos planes de acción. No importa si el líder parte de cero o de una base ya establecida y en funcionamiento, es preciso buscar siempre otras oportunidades para mejorar la salud de los trabajadores. Para esto, él debe conocer a fondo la realidad de su corporación – y también la de la competencia – y estar siempre informado sobre lo nuevo que ha sido propuesto para disminuir riesgos.

Soporte: de nada sirve comunicar, dialogar, proponer acciones y metas, si el líder no garante todas las herramientas necesarias para que sean implementadas y seguidas. Una política de disciplina progresiva debe dejar claras, para cada categoría, las medidas disciplinarias aplicables por desvío o violación de reglas, normas y procedimientos de seguridad. Deben establecerse reglas salvavidas, que funcionen como un guía de comportamientos seguros y proactivos, y también como un Programa de Reconocimiento para aquellos que alcanzan buenos resultados de performance, innovaciones y prácticas ejemplares.

Todas estas herramientas deben ser transversales dentro de la organización, o sea, precisan atravesar todos los niveles y sectores, impactando al mayor número de personas posible.

Compromiso: es el que garante la sustentabilidad de una cultura de seguridad. Los colaboradores deben, realmente, creer en aquello que están haciendo en sus rutinas para garantizar su bienestar y el de todo su equipo. Precisan colocar todo su corazón y su esfuerzo, y no meramente seguir reglas, acciones impuestas o una política colgada en la pared. Ellas son componentes de una gestión en salud y seguridad, pero están lejos de garantir el comprometimiento. Algunas formas de conseguir un mayor compromiso son: promover batallas de seguridad; marcar encuentros entre los funcionarios de la empresa con sus familiares para la presentación de temas relacionados a salud y seguridad; elegir embajadores de seguridad que celen y fortalezcan el compromiso de todos en la organización.

Un error común que observo entre diversos líderes con los cuales ya trabajé, es la preocupación exclusiva por el compromiso de sus funcionarios. Con este objetivo acaban olvidándose de sus proprios compromisos, algo crucial para la cultura de seguridad de la empresa. Debe existir un compromiso de absolutamente todos los actores involucrados en el proceso, comenzando por el número uno de la compañía, pasando por cada colaborador y, si es posible, alcanzando inclusive a sus familias.

Comprometer al alto liderazgo es importante porque ellos tienen una mayor capacidad de extraer valores e influir a las personas dentro de la organización, movilizando a todos por la causa. Ya la familia representa el gran motivo por el cual cada uno de los colaboradores piensa en seguridad, es una fuerte aliada en el proceso de transformación cultural cuando se habla de salud y bienestar.

Con base en los cinco grandes temas citados anteriormente, listo a continuación 12 hábitos que todo líder en seguridad debe incluir en su rutina.

Planeamiento

Planee su día, de modo que las chances de dejar de cumplir alguna acción importante sean nulas. Pase un tiempo con los miembros de su equipo y ayúdelos a identificar problemas antes de que surjan.

Priorizar

Dé la debida importancia a cada cosa y colóquelas por orden, de la más importante hacia la menos. No se haga el que no ve, aunque su agenda esté llena y bajo presión.

Escucha activa

A cada acción de seguridad realizada es preciso oír lo que el equipo tiene que decir. Regularmente, discuta medios de mejorar la seguridad.

Comunicación

Al llenar cuestionarios, checklists, permisos, etc., esté siempre atento y repita las informaciones en voz alta, interactuando con los presentes. Comprometa a los colaboradores continuamente.

Atención

Lea las instrucciones/recomendaciones/orientaciones antes de iniciar una actividad, por más que ya sean conocidas.

DDS

Participe activamente del DDS, eduque a sus colaboradores en cuanto a la importancia de la seguridad.

Observación

A lo largo de su día de trabajo, realice observaciones comportamentales del equipo. Visite con frecuencia el local de trabajo del equipo y comparta sus creencias.

Reconocimiento

Muestre que sabe reconocer e incentive las buenas acciones que ayudan a construir un ambiente de trabajo más seguro.

Cuidado

Es fundamental que el líder cuide su propia salud mental y física, con ejercicios regulares y una alimentación balanceada.

Ver & Actuar

Mantenga su percepción de riesgo siempre aguzada y practique el Ver & Actuar.

Ejemplo

Cumpla los procedimientos/normas/modelos de seguridad de la compañía.

Inspiración

Comparta siempre el valor de la seguridad por medio de mensajes personales y genuinos. Sea justo, no permita que una regla o un principio se apliquen a personas o grupos de maneras diferentes.

El ejemplo de O'Neill y el éxito de la Alcoa (Una historia que todo líder debería conocer)

En octubre de 1987, Paul O'Neill hizo su primer discurso como presidente de la Alcoa, una de las mayores empresas productoras de aluminio del mundo. La compañía no venía de un buen período y los inversores estaban ansiosos por los cambios que el nuevo CEO promovería. Pero O'Neill, para sorpresa de todos, no habló sobre margen de lucros o nuevos posibles mercados. "Yo quiero hablar sobre la seguridad de nuestros trabajadores", afirmó. "Todos los años, innumerables colaboradores de la Alcoa sufren accidentes que los hieren a punto de alejarlos por un día del trabajo. Nuestros récords de seguridad son mejores que el promedio estadounidense, especialmente considerando que por aquí se trabaja con metales a 1500 grados de temperatura y con máquinas capaces de arrancar los brazos de quien las opera. Pero estos récords no son suficientemente buenos. Yo pretendo convertir la Alcoa en la empresa más segura de América. Mi objetivo es alcanzar la marca de cero heridos."

O'Neill encontró resistencia para su proyecto en el Consejo de Administración de la empresa, pero no se desanimó. Cuando finalmente se jubiló del cargo de presidente, en 2000, para ser el secretario del Tesoro de los Estados Unidos, el valor de mercado de la empresa había aumentado de US$ 3 billones en 1986 para US$ 27,53 billones. Y su lucro líquido se quintuplicó, pasando de US$ 200 millones para US$ 1,484 billón.

El crecimiento financiero de la empresa aconteció vinculado a la mejoría de la seguridad de los trabajadores de la Alcoa. O'Neill atacó hábitos clave de la compañía y vio que los cambios que ocurrieron a partir de eso tomaron cuenta de toda la corporación hasta volverse una de las más seguras de América.

DE LA TEORÍA A LA PRÁCTICA

Gatillos Comportamentales

Cultura es lo que resta después de olvidar todo lo aprendido.
André Maurois

Gatillo. Según el diccionario, es todo aquello que dispara alguna alteración, reacción, proceso etc., como el gatillo de un arma de fuego. Consideramos aquí los gatillos comportamentales que llevan a una baja percepción de riesgo, a acciones inadecuadas y, consecuentemente, a accidentes. Si queremos preservar vidas y evitar de alguna forma los episodios que amenazan la seguridad de los trabajadores, es preciso mapear y conocer profundamente todas las situaciones posibles que conducen a ellos, que los disparan.

Cuando hablamos de conducta humana, la lista de probables gatillos para comportamientos de riesgo es gigantesca y está en constante mutación. Algunos se producen en el momento de una acción inadecuada, lo que hace que se identifiquen más fácilmente. Como cuando un funcionario acaba de salir de la sala del jefe, tras una dura conversación, y desatento, se lastima en una máquina. Otros, no obstante, están relacionados a la vida personal del trabajador lejos del local de trabajo, y posiblemente es algo que él prefiere mantener en sigilo. Estos, claro, son más complicados de ser mapeados. Pero, incluso así, deben ser abordados.

Y ¿cómo abordar e incorporar los gatillos comportamentales en las rutinas de seguridad? El esfuerzo continuo dentro de las organizaciones para que la cultura de seguridad sea fortalecida día a día, es constante, optimizando procesos e innovando en el abordaje, que debe ser el más integrado posible a las rutinas operacionales. Cuando son abordados y tratados, estos gatillos se vuelven la materialización del Ver & Actuar, por medio de una percepción aguzada de los riesgos, y construyen un ambiente libre de accidentes, donde el cuidado activo es valorizado.

Con un abordaje simple, claro e innovador, la seguridad humanizada gana cada vez más espacio y debe ser trabajada de manera transversal, estando en la boca de todos en toda la operación, avanzando más allá de los rituales, dejando de lado la entidad seguridad.

Caminar por la fábrica, conversar con los trabajadores, promover charlas informales, evaluaciones y feedbacks individuales, promoviendo una escucha activa de calidad, es fundamental para que se conozca lo que dispara las acciones de riesgo.

Los gatillos comportamentales representan emociones, sentimientos y pensamientos, por lo tanto, son inestables y pueden ser impulsados por cuatro diferentes grupos de situaciones: social, cognitivo, psicológico y fisiológico. Para conocer cada uno de ellos, están listados a seguir los 102 gatillos comportamentales en salud y seguridad que ya presencié a lo largo de mi trabajo dentro de diferentes empresas. Es importante recordar que existen muchos más que estos 102, otros surgen cada día, así, una organización y su liderazgo en seguridad deben estar siempre preparados para identificarlos.

Sociales

Los gatillos del grupo SOCIAL son aquellos relacionados al clima de trabajo, a feedbacks recibidos, a la performance de cada uno, a la relación con los colegas, con los jefes, con las tratativas referentes a las metas, etc.

1. ¿Alguien tiene deudas financieras con algún colega de trabajo?

2. ¿Alguien se siente intimidado para realizar algún tipo de trabajo (conocimiento versus criticidad del riesgo)?

3. ¡Mi jefe no soporta recibir mi derecho de rehusar!

4. ¿Tenemos hoy un nuevo líder para el área?

5. ¿Hubo alguna actividad fuera de rutina en nuestra área hoy?

6. ¿Tenemos parientes próximos actuando en los mismos frentes de trabajo?

7. ¿Existe alguna broma en marcha? ¿Quieren darle un susto a alguien?

8. ¿Alguien volvió de licencia médica hoy?

9. ¿Alguna máquina/equipamiento/herramienta se rompió en el turno anterior?

10. ¿Alguna liberación/trabajo en altura están previstos para hoy?

11. ¿Algún sistema de seguridad estuvo indisponible hoy?

12. ¿Algún accidente/incidente sucedió durante el turno anterior?

13. ¿Tenemos planeada alguna parada de planta y/o sistema para hoy?

14. ¡Cuando se ve a alguien no cumpliendo las reglas de oro y/o salvavidas!

15. ¿Alguien tiene miedo de usar el derecho de rehusar?

16. ¿Ustedes se sienten confiables y cuidados cuando utilizan el derecho de rehusar?

17. ¿Hay alguien que hoy está esperando su respuesta y/o feedback?

18. ¿Eres el padrino de algún funcionario nuevo?

19. El liderazgo, ¿constriñó a alguien del equipo durante el último encuentro y/o reunión?

20. ¿Hicimos algún ajuste técnico aquí durante el fin de semana?

21. ¿Alguien está recibiendo alguna demanda de trabajo conflictiva con otras áreas?

22. ¿Alguien está teniendo conflictos con colegas de trabajo?

23. ¿Alguien está con desvío de función?

24. ¿Alguien posee responsabilidades poco claras?

25. ¿Alguien está basando su comportamiento en los hábitos de funcionarios antiguos?

26. ¿Hicimos la comunicación en el último cambio de turno?

27. ¿Alguien tiene problemas con alguna persona de otro turno?

28. ¿Tenemos a alguien asumiendo una nueva posición/responsabilidad?

29. ¿Alguien cree que no va a lograr la meta este mes?

Psicológicos

Los PSICOLÓGICOS dicen al respecto de la salud mental de los trabajadores, la que sufre influencia directa de relaciones familiares, relaciones afectivas (enamoramiento/casamiento), autoestima, amistades etc.

30. ¿Alguien está pasando por un proceso de divorcio?

31. ¿Alguien se involucró en algún accidente/incidente el fin de semana?

32. ¿Alguien tiene hoy una prueba después del trabajo?

33. ¿Alguien cumple años hoy?

34. ¿Alguien está enfrentando algún trauma reciente?

35. ¿Alguien está enfrentando depresión dentro de casa?

36. ¿Alguien sufre violencia doméstica?

37. ¿Cuántos sustentan solos sus casas?

38. ¿Alguien está sufriendo amenazas externas (usureros, ladrones)?

39. ¿Alguien está teniendo contacto con una persona en estado terminal de una enfermedad?

40. ¿Alguien enterró a un ser querido recientemente?

41. ¿Alguien vivió recientemente una situación de suicidio en la familia o entre amigos?

42. ¿Alguien discutió con la familia hoy antes de salir de casa?

43. ¿Alguien está con el alquiler atrasado (o alguna otra cuenta)?

44. ¿Alguien saldrá de vacaciones hoy?

45. Hoy es viernes y tenemos un feriado, ¿alguien planeó salir con la familia?

46. ¿A qué hora llegas a casa todos os días?

47. ¿Quién te espera en casa?

48. ¿Alguien está aguardando la respuesta referente a un diagnóstico médico?

49. ¿Alguien tiene al hijo enfermo en casa?

50. ¿Alguien pasó la noche en el hospital esperando noticias sobre otra persona?

51. ¿Alguien está con algún ser querido internado?

52. ¿Alguien está con el casamiento marcado para una fecha próxima?

53. ¿Alguien está pasando por una crisis de ansiedad?

54. ¿Alguien tiene medo/fobia para la realización de alguna actividad específica?

55. ¿Alguien recibió recientemente un diagnóstico de enfermedad infectocontagiosa o terminal?

Fisiológicos

Los gatillos FISIOLÓGICOS son los vinculados a la salud física del trabajador. Actualmente las preocupaciones fisiológicas giran alrededor de: sueño y fatiga.

56. ¿Alguien está trabajando el doble/haciendo hora extra hoy?

57. ¿Alguien tomó una inyección ayer?

58. ¿Alguien tuvo una crisis de asma ayer por la noche?

59. ¿Alguien pasó por atención médica ayer?

60. ¿Están todos bien dispuestos para trabajar?

61. ¿Alguien es diabético o cardiópata?

62. ¿Alguien está tomando medicamentos controlados?

63. ¿Alguien está sintiendo dolores debido a la actividad realizada?

64. ¿Alguien está embarazada?

65. ¿Alguien está bajo efecto de medicamentos para dolor hoy?

66. ¿Alguien ya sufrió algún accidente/incidente en el ambiente de trabajo?

67. ¿Alguien salió ayer para conmemorar y bebió demasiado?

68. ¿Alguien no se está sintiendo bien hoy?

69. ¿Alguien posee alguna sensibilidad o es alérgico a las sustancias manipuladas durante la actividad?

70. ¿Alguien tiene alguna restricción de movimiento en el cuerpo?

71. ¿Alguien está trabajando en condición no ergonómica?

72. ¿Alguien tiene más de 50 años?

73. ¿Alguien está realizando alguna actividad con una cantidad inadecuada de gente?

74. ¿Alguien está trabajando con fiebre?

75. ¿Alguien sufre de insomnio?

76. ¿Alguien tiene dificultad de alimentarse adecuadamente?

77. ¿Alguien tiene dificultad de adaptarse a alguno de los turnos?

78. ¿Alguien realiza actividades dentro del período de vulnerabilidad (extremada fatiga), a las 4 de la mañana y/o a las 2 de la tarde?

79. ¿Alguien posee tamaño, altura, peso o fuerza inadecuados para su actividad?

80. ¿Alguien está colocando su cuerpo en el límite físico en función de una actividad?

Cognitivos

Los COGNITIVOS tienen que ver con el conocimiento que el trabajador posee sobre la actividad que realiza, cuánto reconoce de los riesgos, peligros y de las medidas de control.

81. ¿Saben qué hacer en caso de emergencia?

82. ¿Alguien está con dificultad de salir del piloto automático?

83. ¿Alguien observó alguna situación de riesgo el día anterior?

84. ¿Los padrinos de todos los funcionarios nuevos están presentes hoy?

85. ¿Todos conocen a los brigadistas?

86. ¿Algún sistema de seguridad/emergencia está indisponible hoy?

87. ¿Alguna actividad de este turno está sin procedimiento?

88. ¿Hubo algún cambio en el modelo de ejecución de alguna actividad?

89. ¿Qué significa cuidado activo?

90. Piense en 5 fallas principales que pueden ocasionar accidentes en sus actividades.

91. ¿Consigues definir en cinco pasos las actividades que precisan ser realizadas hoy?

92. ¿Hay alguien a tu lado que alteró su comportamiento drásticamente los últimos días?

93. ¿Quién recuerda la última lección sobre accidentes aprendida en nuestra unidad?

94. ¿Hay algún funcionario nuevo empezando en el equipo?

95. ¿Alguien volvió de las vacaciones hoy?

96. ¿Quién está con entrenamiento vencido/atrasado?

97. ¿Quién recuerda el contenido del último DDS?

98. ¿Alguien ya participó de un DDS sobre los riesgos de esta actividad?

99. ¿Recibiste entrenamiento para esta actividad?

100. ¿Cuánto tiempo hace desde que has ejecutado esta tarea la última vez?

101. ¿Alguien tiene dificultad de entender las orientaciones de su líder inmediato?

102. ¿Ya realizaste esta tarea antes?

Historias reales: los gatillos en la práctica

A lo largo de mi carrera ya testimonié – de manera ocular o como oyente – innumerables historias con finales tristes, resultado de la falta de percepción de riesgo, del valor de la seguridad, de una cultura fuerte y eficiente. Comparto algunas aquí por creer en el poder que tienen de transformar, de sensibilizar, de conducir a cambios efectivos.

Plantación de caña: "Mi primo y yo estábamos trabajando en la cosecha de caña e íbamos atrás del tractor, en el tercer turno de trabajo, recogiendo con las manos la caña que quedaba en el piso. Mi primo había llegado hacía poco del Noreste, para conseguir juntar un dinero extra para su casamiento. Anduvimos unos 20 minutos y de repente percibí que no estaba más.

Paré y comencé a preguntarle a todo el mundo si lo habían visto, pedí que verificasen en el baño, y nada. Entonces resolví hacer el camino de vuelta, y encontré su cuerpo, que había sido atropellado por el tractor. ¡Fue horrible, es difícil hasta hoy hablar sobre esto!"

Este caso mezcla diversos gatillos comportamentales que resultaron en la muerte del trabajador. Se disparó el gatillo cognitivo, pues él nunca había trabajado en aquello, había acabado de llegar del Noreste y, por lo tanto, no tenía experiencia. También el gatillo fisiológico, porque era el tercer turno, que exige un ritmo metabólico diferente. Entró el psicológico, si tomamos en cuenta que vino del Noreste para juntar dinero para poderse casar. Y el gatillo social, pensando en la organización del equipo de trabajo, que demoró mucho para darse cuenta de su desaparición.

Tanque de agua: "Mi hermano y yo trabajábamos en la misma fábrica, él estaba recién casado y tenía un hijo de 1 mes. Yo tenía un puesto en producción y él, en manutención. Un día, acabó la jornada y me fui a casa. Horas más tarde mi cuñada me llamó preguntando por él, ya que no había aparecido hasta ese momento. Llamé a la fábrica, pero nadie lo había visto. Pasamos la noche en vela esperándolo. Al día siguiente, como sabían que iba a hacer una limpieza en el tanque de agua de la empresa, resolvieron chequear el local. Él se había caído, ciertamente porque estaba sin el cinturón de seguridad, y murió ahogado. Hasta hoy su hijo, mi sobrino, me pregunta cómo era."

El gatillo ahí fue el cognitivo: el funcionario incumplió una regla de seguridad, que era el uso del cinturón.

Andamio: "El primer día de trabajo de mi hermano, en su primer empleo, le pidieron que desmonte un andamio. Comenzó a desarmarlo y, sin darse cuenta, tocó en el cableado eléctrico. Quedó allí, agarrado al cableado llevando la descarga, hasta que todos corrieron para desconectar la energía eléctrica. Consiguieron y entonces él se soltó de los cables, se desequilibró y se cayó del andamio, de 10 metros de altura. No volvió a casa".

Triste historia con gatillo cognitivo y psicológico - era primer empleo, primer día de trabajo -, y el muchacho probablemente no estaba bien preparado para la tarea, ni para la presión de tener que realizar la tarea, el primer día.

Paracetamol: "Mi papá se fue a operar el dedo del pie izquierdo, una operación simple que estaba agendada hacía algún tiempo. Mi padre era alérgico a paracetamol, y esta información constaba siempre en sus prontuarios. A cirugía corrió bien, pero al día siguiente reclamó de dolor y la enfermera le aplicó paracetamol, lo que causó un choque anafiláctico. Murió al instante. Durante el proceso que abrimos, la enfermera lloró mucho y reveló que aquel día había dejado en casa a su hija pequeña enferma. Y que estaba preocupada por ella."

Esta historia es un ejemplo de cómo un error nuestro impacta en la vida de otra persona. Es algo más común de lo que nos gustaría, desafortunadamente. Aquí el gatillo psicológico era fuerte, una vez que la enfermera había dejado a la hija enferma en casa.

Riacho: "Mi madre me pidió que me quedara en casa aquel día, con mi hermana, y ni me acuerdo por qué. Yo tenía 12 años y me quedé viendo la tele, observando a mi hermana menor por ahí. Había un riacho allí al lado y ella estaba lavando ropa en el agua. Como ella sufría de algunos disturbios, de vez en cuando yo miraba hacia afuera, para ver si estaba todo bien. Hasta que una vez al mirar, no la vi. Salí desesperado, pero era demasiado tarde. Se había sentido mal, se cayó al agua y se ahogó."

Esta historia muestra como las experiencias por las cuales uno pasa durante la vida pueden influir sobre la manera de cuidar a las personas. Este funcionario era extremadamente cuidadoso consigo y con su equipo, porque sin duda su visión de seguridad fue impactada por este episodio. El gatillo para ese accidente fue fisiológico, y él nunca lo olvidó.

Falta de EPP's: "Esta historia no la oí de terceros, sino que la atestigüé. Fue la primera fatalidad que enfrenté en mi carrera. Había un tercero que nos prestaba servicios, hacía diversas manutenciones. Su precio era imbatible y tenía un buen conocimiento de los procesos y de nuestras instalaciones. Nosotros teníamos un proyecto para cambiar las placas del forro del techo, presupuestamos con algunas empresas, y la suya venció la competencia. Ellos trabajaban los domingos, porque precisábamos parar la fábrica para eso. Un domingo, con la brigada acompañando el trabajo, salieron todos para almorzar, y dejaron el área aislada. Este tercero llegó para supervisar todo, entró porque lo conocían en la portería, y resolvió subir para ver cómo andaban las cosas. Solo que subió sin ningún EPP, perdió el equilibrio, se cayó y murió dentro de nuestra unidad. Con toda su experiencia, erró."

Hay varios gatillos en este caso: el cognitivo, por haber confiado demasiado en sí mismo y por haber dejado de usar los equipamientos de seguridad; y el gatillo psicológico, porque quería que su empresa entregase un buen servicio y continuase siendo llamada. Hubo también por parte del equipo, otro gatillo cognitivo, que fue la falta de organización para velar por la seguridad. Aislar el área no era suficiente, era preciso que alguien estuviera allí en tiempo integral.

Una vida por 50 Reales: "Donatan vino de Minas Gerais y estaba viviendo de changas en San Pablo. Tenía 24 años. Una empresa decidió incumplir la regla, aunque sabía que no podía llenar ni hacer manutención de los neumáticos de equipamientos fuera de la autopista de la propia unidad. Pero tenían un gomero para momentos de apuro que llevaba su gomería dentro del auto, y entraba de vez en cuando a la fábrica, para resolver problemas. Aquel día, el gomero estaba ocupado y delegó el trabajo a Donatan. Por R$ 50 Donatan fue, sin conocer el procedimiento, sin saber cuál era la diferencia entre un neumático de automóvil de paseo y uno de equipamiento. Cuando llenó el primero y lo apoyó contra la pared, éste se desintegró y voló directo hacia la cabeza del muchacho. Después de nueve días de hospital, Donatan falleció. El gomero huyó."

Esta es otra historia repleta de gatillos. Del lado de Donatan, hubo el cognitivo – la falta de conocimiento de la tarea y de los riesgos –, hubo el psicológico de alguien que vivía de changas y precisaba dinero para vivir, hubo el social por parte de la empresa, que contrató a alguien no calificado, y el psicológico a causa de la urgencia de tener buenos neumáticos y funcionando perfectamente. Todos los gatillos de todos los actores de este evento combinados culminaron en la muerte de Donatan.

Por último, quiero que no nos olvidemos de que los gatillos comportamentales siempre explicarán la razón del desvío, del acto inseguro y de la ocurrencia del accidente.

Los gatillos también pueden ser evidenciados dentro del proceso de investigación de ocurrencias. Cuando trabajamos los métodos investigativos, de causa inmediata, básica y la raíz de la ocurrencia, la causa inmediata es el propio desvío comportamental. Los gatillos que pueden actuar de forma combinada son la causa básica. Y la causa raíz está vinculada a aspectos culturales y al líder inmediato.

En este sentido, pienso que es urgente la transformación de los gatillos en abordajes rutinarios, no superficiales, y que permitan que nuestros funcionarios se sientan cuidados genuinamente.

Nuestros rituales, símbolos y héroes constituyen tres importantes plataformas para estímulo y exploración de los gatillos comportamentales.

La Transformación Cultural y el Modelo Niosh de Capas de Control para Prevenir y Anticipar Riesgos

Las personas no tropiezan en las montañas, sino en las peque-
ñas piedras que están a lo largo del camino.

Andreza Araújo

Riesgos y percepción de riesgos

Ser capaz de crear una cultura de seguridad fuerte lo suficiente como para prevenir y anticipar riesgos, evitando que los accidentes acontezcan, es (o debería ser) la meta de toda organización. En este capítulo vamos a discutir algunos modelos que jerarquizan el control de los riesgos a fin de que resulte más eficaz. Pero antes, vamos a definir lo que es un riesgo exactamente.

El riesgo combina la probabilidad o posibilidad de ocurrencia de algo específico con sus consecuencias – ellas son siempre negativas, sinónimos de peligro, fracaso, perjuicio, amenaza.

Como algo malo, se presupone que el riesgo es algo que debe ser evitado. Siempre. Pero, en la práctica, no es lo que sucede. Si la humanidad sabe que conducir después de consumir bebidas alcohólicas aumenta los riesgos de accidente, ¿por qué tanta gente aún bebe y toma el volante? Si sexo sin preservativo aumenta el riesgo de contraer una enfermedad sexualmente transmisible, ¿por qué tanta gente todavía lo dispensa? La respuesta para las dos preguntas es: porque, a pesar de que el riesgo existe, la percepción que la persona tiene sobre él la lleva a decisiones y acciones equivocadas (y arriesgadas). "No me va a pasar a mí", "yo casi no bebí", "Yo siempre hago eso y nunca me aconteció nada", "las chances son mínimas" ... Las excusas son muchas cuando entra en cuestión la percepción del riesgo.

La percepción del riesgo se refiere a la capacidad que cada individuo tiene para identificarlo ya sea en la vida afectiva, en casa, en el tránsito o en el ambiente de trabajo. Por lo tanto, esta percepción precisa ser trabajada diariamente dentro de las organizaciones, para que se eviten nuevos accidentes. Controlar los riesgos es fundamental, pero si este control no viene acompañado de un intenso ejercicio para aguzar la percepción, los daños continuarán ocurriendo.

Pero ¿cómo invertir en esta percepción? Antes que nada, es preciso tener conciencia de que es algo extremadamente individual y que sufre la interferencia de varios factores, como atención, conocimiento y experiencia previa, cultura, nivel de salud física y emocional, exceso de autoconfianza. Una noche mal dormida pode ser suficiente para que la percepción sea arañada. Y, cuando eso acontece, el riesgo real tiende a ser muy diferente de aquel percibido pelo individuo, lo que puede llevar a accidentes de diferentes proporciones.

Factores que influyen en la percepción de riesgos

Son muchos los factores que pueden influir al ser humano en su percepción de riesgo. El Campbell Institute, del National Safety Council de los Estados Unidos, los divide en tres diferentes categorías: los niveles macro, meso y micro. Los del nivel macro son aquellos estructurales o institucionales, los del meso son los que involucran a los trabajadores como equipo y los del nivel micro son los individuales y psicológicos.

Factores macro-level: aquí la cultura y la actitud del liderazgo de seguridad de la organización, tienen fuerte influencia sobre la percepción de riesgo de cada trabajador. Cuando los líderes muestran gran preocupación por la seguridad, esto contamina positivamente a los demás, y la percepción aumenta, disminuyendo los comportamientos arriesgados y las chances de accidentes. La confianza que el trabajador tiene en la organización también cuenta como un macro factor. Si cree que la empresa donde trabaja no le da valor a la seguridad de sus funcionarios, se imagina que nada se hará si algo acontece con la vida de algún empleado, y la tendencia es a obrar sin darle mucha atención a los riesgos a su alrededor. La lógica es parecida a la de las multas de tránsito. Mientras no son de hecho aplicadas, es más difícil que los conductores sigan las normas, como usar el cinturón de seguridad o respetar el límite de velocidad.

Factores meso-level: son aquellos que sufren la influencia de los pares o del resto del equipo. Muchas veces la persona, al tomar una decisión y adoptar un comportamiento arriesgado, sigue más el modelo de un colega o el de la mayoría, que el propio. Además de disminuir el grado de percepción de riesgo del individuo, la influencia de los demás casi siempre lleva al recelo de ser juzgado. ¡Ni pensar ser el único usando todos os equipamientos de seguridad en un ambiente donde nadie lo hace! Es preciso coraje para "remar contra la corriente".

Fatores micro-level: en estos casos, la percepción de riesgo es definida por el nivel de conocimiento previo que cada individuo tiene. Se supone que, cuanta menos información un trabajador tenga sobre un procedimiento, mayor será su cuidado al realizarlo, y menos riegos va a querer correr. Claro que no estamos diciendo aquí que, por este motivo, los trabajadores deben tener menos información. Obviamente precisan ser bien entrenados y tener conocimiento, pero con atención doble para que la autoconfianza no aumente las chances de tomar decisiones equivocadas corriendo más riesgos que lleven a accidentes.

El optimismo es otro factor micro-level bastante común en las organizaciones. Es el viejo "eso nunca va a acontecer conmigo/con nosotros".

Modelo NIOSH de control de riesgos

El foco de la lámpara del salón se quemó y hay que cambiarla. Incluso una tarea simple y habitual como esta, dentro de casa, exige algunas medidas de seguridad. Los riesgos de tomar un electrochoque son pequeños, pero existen, de modo que, lo recomendado es desconectar siempre el objeto del enchufe, reduciendo a cero la posibilidad una descarga eléctrica.

Eliminar por completo los riesgos es la acción más eficiente en la búsqueda por seguridad. Sin embargo, se sabe, que no siempre la eliminación es posible en los procesos industriales. Por lo tanto, para disminuir accidentes en ambientes de trabajo y proteger a los trabajadores, el National Institute for Occupational Safety and Health (NIOSH), de los Estados Unidos, creó un modelo que jerarquiza las acciones que pueden (y deben) ser tomadas para un control más eficiente de los riesgos. Están listadas desde la más a la menos eficiente y protectora. La idea es que las corporaciones consigan implementar sistemas más seguros, reduciendo los riesgos de ocurrencias, siguiendo la jerarquía propuesta en esta pirámide invertida reproducida a continuación.

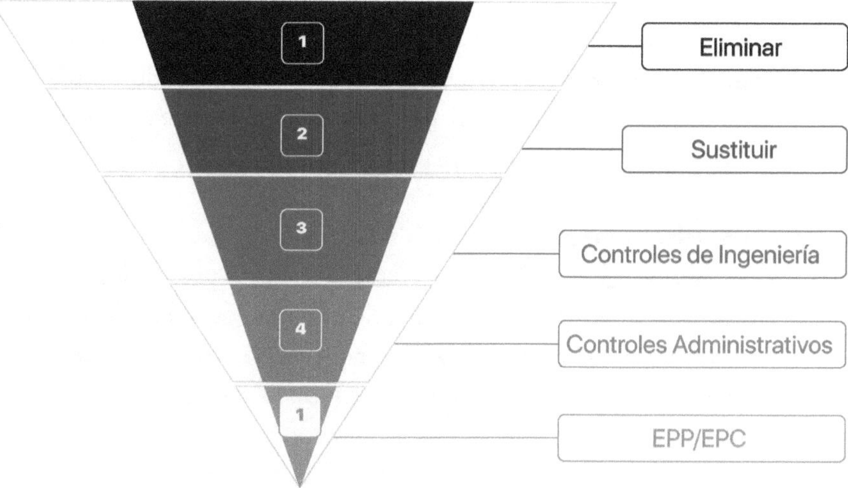

Figura 10: Modelo Niosh para jerarquizar las acciones para control de los riesgos.

Las capas de control fueron definidas por:

Eliminar: suprima físicamente el peligro. Puede ser una máquina, un producto o hasta un paso del proceso. La acción más eficiente en la jerarquía en general es también la más difícil de implementar, una vez que puede haber resistencia para alterar procesos ya antiguos y a los que los trabajadores están acostumbrados. Esto sin hablar de los altos costos que una eliminación puede significar.

Sustituir: sustituya el peligro por algo seguro (o que reduzca los riesgos). Este paso también implica cierto grado de dificultad, por los mismos motivos que la eliminación.

Controles de ingeniería: aleje a las personas del peligro. Al crear proyectos de ingeniería capaces de reducir riesgos, como sistemas de ventilación, rejas, mecanismos de desconexión de máquinas, se crea, en general, una seguridad más sustentable, que se mantiene a largo plazo.

Controles administrativos: cambie la manera de trabajar de las personas. Es un control necesario, pero no siempre eficiente porque la reducción de los riesgos aún dependerá de la forma de obrar de los trabajadores. Claro que es preciso hacer entrenamientos, crear placas de alerta y análisis preliminares de los riesgos (APR); los estímulos para fortalecer esta capa deben ser constantes.

EPP/EPC: proteja a los trabajadores con EPP/EPC. Los equipamientos de protección individuales y colectivos asumen que los riesgos existen, que están presentes, pero que no pueden ser totalmente eliminados. Por eso es el último en la lista de jerarquía y tiende a ser utilizado cuando ninguno consiguió ser totalmente efectivo.

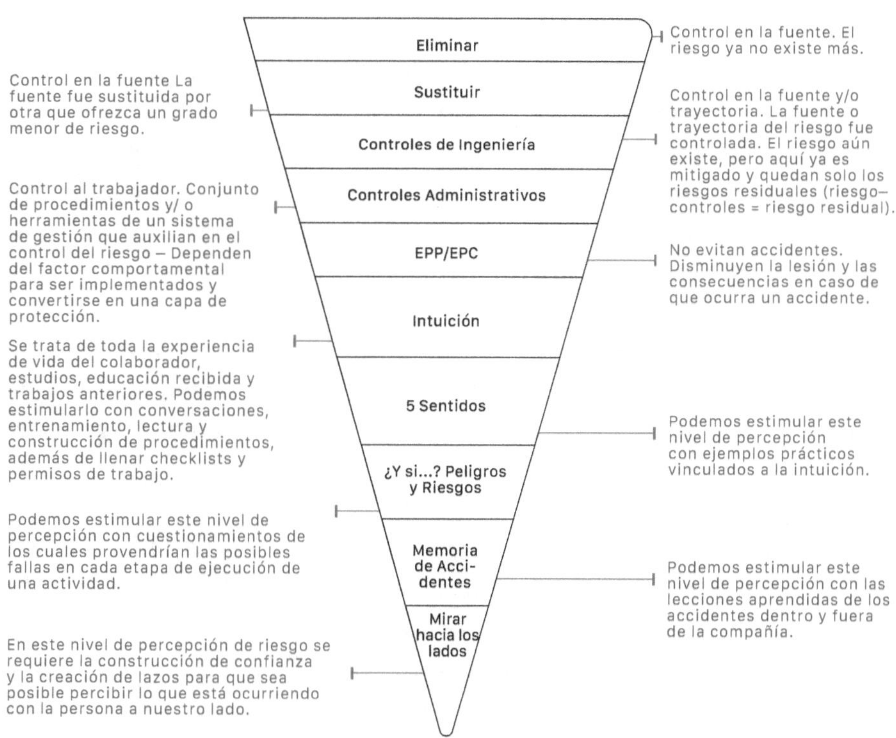

Figura 11: Modelo Niosh adicionando los elementos de Percepción de Riesgo.

El modelo NIOSH es importante y debe ser considerado. Mi experiencia muestra que, muchas veces, las acciones de eliminación, sustitución, controles de ingeniería y administrativos, tienden a no ser desarrollados por el individuo usuario, aquel que de hecho está más expuesto al riesgo. Esto significa que pudo no haber participado del proceso de control como un todo y haber sido involucrado en este modelo simplemente recibiendo el EPP. No se puede limitar a observar al trabajador solamente en el nivel del EPP.

Además de esto, entra en juego la percepción individual de los riesgos, sobre la cual ya hablamos. Por lo tanto, cuando se buscan cambios permanentes y verdaderos con relación a la seguridad, es fundamental potencializar en cada individuo la cultura de seguridad, que se traduce en los hábitos y elecciones de todo el equipo. A partir del momento en que le entregamos el EPP a un funcionario, debemos continuar fomentando en él un estímulo para el comportamiento seguro; o las cosas volverán a ser como eran antes.

Aquí propongo un nuevo modelo de capas de protección, una jerarquía capaz de dar estímulo al desarrollo de las principales atribuciones de una fuerte cultura de seguridad. En este modelo, la percepción de riesgo materializa el Ver & Actuar.

En seguridad, la percepción de riesgo, como vimos, es el acto de concientizarse al respecto de un peligro por medio de los atributos humanos del "pensar & sentir"; se trata de pensar sobre la posibilidad de enfermarse o accidentarse a causa de la exposición al riesgo. Es estar a pocos pasos de un accidente y ser capaz de pensar antes, entender cuáles son los controles y necesidades para que esta actividad pueda ser realizada con seguridad, y evitarlo.

Diferentes análisis a lo largo de los anos, incluyendo uno del Departamento de Psicología de la Universidad de Sheffield (1), apuntaron el papel que la percepción de riesgo tiene sobre la toma de decisiones seguras y mostraron que, cuando se consigue cambiarla, casi siempre se altera también el comportamiento de las personas ante la seguridad. Se cambia, por lo tanto, la cultura.

Pero ¿cómo se forma exactamente la percepción de riesgo? Está el que ve riesgo en casi todo, con una percepción altísima, y está quien releva todo hasta cualquier indicio de riesgo que ve por delante. Algunas otras características de cada individuo tienen cierta interferencia sobre esta mirada, incluso si la persona es optimista o pesimista en la vida.

Algo que también acostumbra a influir es cuan atenta la persona es a los números. Imagine una máquina específica que presenta riesgos grandes, con la que ya hubo decenas de episodios menos graves, pero que sirven de alerta para formar la percepción de riesgo sobre ella. Alguien más atento va a pensar: "bien, si 37 personas casi se accidentaron, es mayor la chance de que yo sufra un accidente también", lo que hace que se encienda una lucecita en su cabeza. Para la gente más distraída, el riesgo pasará incólume.

Las experiencias personales también tienen influencia sobre nuestra percepción de riesgo. Si alguien que conozco, ya se accidentó en determinada situación, tengo que tener más cuidado al pasar por el mismo proceso. Lo mismo vale para los entrenamientos, por ejemplo. Si recibí una información específica sobre determinada máquina o producto y fui previamente alertado con respecto a los riesgos, esto acaba influyendo en mi percepción.

Cuando hablamos de percepción de riesgo, nos referimos al comportamiento humano. Y se sabe que factores y contextos afectivos y externos son capaces de dictar el comportamiento de un individuo. Si llego al trabajo inseguro y decepcionado por cualquier situación que pasé afuera, y con mayor dificultad para controlar mis emociones, la tendencia es que mi percepción de riesgo sea más baja aquel día. Por lo que, apoyada en mi experiencia, creo tanto en la percepción de riesgo como algo fundamental en el trabajo para construir una cultura de seguridad fuerte y sustentable dentro de las corporaciones.

Ya el Ver & Actuar es la materialización de la acción, es un paso adelante en la percepción, eliminando, corrigiendo e interrumpiendo actividades que estén siendo planeadas y/o realizadas sin las condiciones necesarias de seguridad.

Recuerdo a un líder que tuve en el pasado, que siempre desafiaba a su equipo ante la falta del Ver & Actuar. Nos provocaba constantemente con la misma frase: "No hacer nada no es una opción".

Un ejemplo más concreto que traigo conmigo, fue uno de los muchos accidentes que atestigüé a lo largo de mi carrera. Le sucedió a una trabajadora llamada Ana Paula, tenía 25 años, cabeza de familia y madre de una niña de 3. Ana Paula era una funcionaria nueva, trabajaba con planeamiento de producción en el departamento corporativo y un día recibió la orden de visitar una de las unidades fabriles de la empresa, en el interior de San Pablo. Siendo una buena funcionaria, al día siguiente Ana Paula partió muy temprano, llegó a la unidad de madrugada. Como nunca había estado allá, paró un poco antes para preguntar cuál era la entrada principal de la fábrica. Recibió la orientación de ir a una portería de servicios técnicos, que tenía horarios específicos de atención. Como aún estaba oscuro y no había nadie en esa portería, Ana Paula decidió parar su auto adentro. El portón de correr estaba sin candado y, cuando ella intentó empujarlo para guardar el auto, éste se le cayó encima. El riel estaba roto hacía dos años, y ni siquiera era la portería por donde la funcionaria debería realmente entrar. Ana Paula no sobrevivió al trauma.

En este caso trágico, un papel con la inscripción "portón roto" podría haber salvado una vida. Pero nadie pensó en eso. Nadie se imaginó que una persona intentaría el acceso a la fábrica por aquella portería desactivada. Y nadie se imaginó que un portón roto podría matar. La falta de percepción de riesgo, nuestro piloto automático y la no ejecución del Ver & Actuar ha extinguido la vida de mucha gente; así como también lo ha hecho la falta de empoderamiento de las personas en seguridad y siempre con la idea de que alguien va a cuidar de aquello en su lugar.

Otro gran problema dentro de las empresas es condicionar la percepción de riesgo al gasto en capital o inversión extra. Estoy en contra de improvisos permanentes, y siempre que existe un riesgo, debe ser definitivamente eliminado o controlado, y no solo alertado. Pero como ¡"no hacer nada no es una opción", es preciso obrar, principalmente cuando nuestra percepción de riesgo está aguzada! Sí, el portón debía haber sido arreglado. Pero, si no lo fue, debería haber un cartel informando el daño.

La percepción de riesgo es una creciente que debe ser estimulada constantemente en cada funcionario. Pensando en eso propongo un modelo de jerarquía de control de riesgos, creado con base en mi experiencia en el área de seguridad, que va más allá del de NIOSH. Incluye los siguientes escalones:

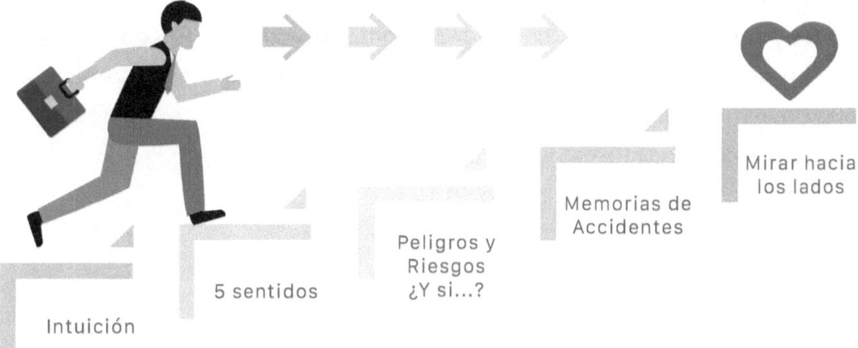

Figura 12: Modelo Escalera de Percepción de Riesgo

Intuición: refleja la experiencia adquirida por el trabajador a lo largo de la vida, todo lo que se aprende fuera del ambiente de trabajo. Supuestos de aprendizaje y experiencias de vida funcionan como gatillos en situaciones específicas y provocan la duda de si seguir con alguna actividad cuando en ella vemos algún riesgo.

Los cinco sentidos: olfato, visión, gusto, tacto y audición, también pueden ayudar en la identificación de una condición fuera de patrón. Vale promover simulacros y estímulos que impulsen el uso de estos cinco sentidos.

Peligros y Riesgos (¿Y si...?): es preciso crear en la gente el hábito de cuestionar, crear suposiciones posibles, pensar en fallas y sus consecuencias. Involucrar a los funcionarios en el desarrollo de las herramientas de análisis de riesgo cualitativo y cuantitativo, puede favorecer el entendimiento sobre los peligros y riesgos existentes y sobre todas las medidas preventivas y de control. En cada industria o en cada tipo de actividad, sabemos que existen los peligros matadores, de ahí la importancia de conocer las tareas, sus peligros, sus riesgos y las respectivas medidas de control, para que no haya accidentes. Antes de la aplicación de métodos cuantitativos que miden frecuencia, probabilidad y severidad, es recomendable usar métodos cualitativos, tales como la metodología: "¿y si...?", que ayuda a pensar en posibles fallas y sus respectivas consecuencias. Precisamos entrenar a nuestros funcionarios para que ellos busquen las fallas, porque si ellas y sus consecuencias son comprendidas, tendremos una actitud diferente ante la exposición a peligros y riesgos. Debemos reflexionar sobre leones y tiburones en nuestro día a día, para no transformarlos en gatitos y delfines.

Memoria de accidentes anteriores: casi todo individuo tiene algún recuerdo de eventos personales, de alguna historia pasada, de un antiguo accidente que presenció o que vivió. Preservar, recontar y mantener estas historias vivas, ayuda a las personas a verse en situaciones de riesgo. Además, podemos decir que la memoria del otro puede contribuir a activar mi propia memoria. Uno de los casos más emblemáticos que ya presencié sobre memoria de accidentes, fue durante una visita a una fábrica en Brasil, una planta de cemento. Cuando pasamos al lado de la torre de ciclones vimos que había un memorial allí construido, en él constaban tres nombres grabados y una fecha. Pregunté de qué se trataba y oí la siguiente respuesta: "Son tres colaboradores que perdieron la vida aquí, el mismo día, en un accidente que nunca más queremos, ni podemos olvidar". Me sorprendí al ver y oír eso, pero al mismo tiempo, quedé extremadamente impactada por el poder de aquella herramienta. La seguridad, no tengo duda, solo puede ser construida si se tiene el coraje de enfrentar y la capacidad de exponer la propia vulnerabilidad.

Mirar hacia los lados: el ser humano precisa ser visto y reconocido como individuo, y no solo como equipo. Es necesario aprender a mirar a los lados; evitar prejuicios y preguntas y respuestas automáticas. Fomentar la práctica de la empatía es fundamental para cautivar y consecuentemente establecer lazos de confianza entre todos los funcionarios.

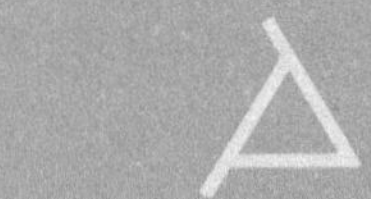
DE LA TEORÍA A LA PRÁCTICA

La Práctica del Cuidado y el Poder de la Empatía

El conocimiento sirve para encantar a las personas, no para humillarlas.

Mario Sergio Cortella

El nombre lo dice todo: observación comportamental. Mirar alrededor prestando atención al CÓMO las personas trabajan, es una herramienta salvavidas que considero un excelente termómetro para medir la percepción de riesgos, la cultura y el clima de seguridad de la unidad. Ya es algo ampliamente utilizado en el mercado cuando se buscan cambios de comportamientos de riesgo y manutención de comportamientos seguros, pero aún no se realiza siempre de la mejor manera.

Decidí dedicarle en este capítulo un espacio a esta herramienta, pues reconozco su potencial catalizador transformando comportamientos, reeditando creencias y contribuyendo directamente con la cultura de seguridad.

Es preciso incentivar la observación comportamental y mostrar a todo el equipo que la seguridad debe ser encarada como un valor innegociable, y que depende de cada uno.

Es lamentable cuando, durante la investigación de un accidente, se descubre que algo estaba errado y que alguien lo sabía, pero decidió hacer que no lo vio, creyendo que todo saldría bien, que nada de malo ocurriría. Los riesgos están presentes en todos los lugares, en todos los momentos, y todos los procedimientos de seguridad tienen su razón para existir. Cerrar los ojos ante el comportamiento de los otros – y a veces hasta ante el propio –¡es eximirse de la responsabilidad de salvar una vida!

¿Y por qué el comportamiento humano es tan importante cuando se habla de seguridad? Uno de los padres de Behavior Based Safety (seguridad basada en el comportamiento), el psicólogo estadounidense Scott Geller, profesor en Virginia Tech, propone que, con técnicas simples pero eficientes, los colaboradores observen unos a los otros, identificando los comportamientos seguros y los de riesgo. Cada observador debe entonces, ofrecer un feedback individual, constructivo y empático, a fin de reforzar los comportamientos seguros y proponer alternativas a los de riesgo. Esto debe hacerse sin apuntar el dedo para culpar públicamente a los observados.

Estos feedbacks son importantes y poderosos, sin duda, pero no suficientes. Sabemos que el comportamiento de un individuo ya sea seguro o de riesgo, está influenciado directa e indirectamente por el ambiente de trabajo y por cuestiones individuales. Por lo tanto, es necesario que busquemos las causas sistémicas de los comportamientos de riego observados. Si están dejando de usar mascarillas o guantes, vamos a preguntarnos el por qué. Y es muy posible que el problema sea un mero síntoma de algo más profundo dentro de la organización.

Y en esta investigación buscando causas más enraizadas se debe mantener en mente una palabra clave importante: empatía. Es preciso, en verdad, tenerla como guía desde el inicio del proceso, antes incluso de comenzar efectivamente la observación comportamental.

A seguir presentaremos 17 Consejos que nortean mi observación comportamental.

17 Consejos
para un abordaje comportamental adecuado

1.   OPA – Observe, Planee, ¡Actúe!

Observe a la gente, su distribución, las intervenciones y aislamientos, todo lo que esté aconteciendo en el área o departamento que escogió abordar. Planee eligiendo a la persona y/o al grupo que va a abordar y pase a la acción. La mejor forma de abordaje es haciendo una señal con la mano o entrando en su campo de visión. Es importante no asustarla y nunca colocarse en un área de riesgo. Y recuerde que en el proceso de "Observar" no se trata de identificar lo que está yendo bien o mal; es, como el nombre lo dice, solamente un "Observar" de hechos y comportamientos, para definir si son seguros o inseguros, para determinar con eso, posteriormente, cómo realizaremos el abordaje al trabajador.

El hecho de no emitir un juicio sobre la situación nos permite abordar al trabajador en un momento neutro, lo que le hará entender por qué la persona se está comportando de aquel determinado modo, y con esto influenciarlo de una mejor forma para que, al final de la observación comportamental, consiga un compromiso personal con la seguridad. Es necesario entender que, cuando observamos una actividad y definimos si está "bien o mal", estamos emitiendo un juicio y eso no nos permite oír y entender por qué el trabajador tomó la decisión de comportarse de aquella manera.

Si observamos que la persona o personas observadas están trabajando de modo seguro, es necesario reconocerlas por ello y agradecerles inmediatamente por su manera de actuar; así reforzaremos el comportamiento que esperamos del trabajador y mostramos que tenemos la capacidad, como líderes, de observar que la actividad fue realizada de forma correcta.

2.   ¿Vamos a hablar?

Comience presentándose y explicando lo que está haciendo, salude a la persona abordada tendiéndole la mano y llámela por su nombre. Mirar a los ojos es el camino más corto para llegar al corazón. La conversación precisa evolucionar desde el Por qué hasta el Cómo y el Qué.

Pida instrucciones de seguridad, pregunte cuál es el local más seguro para permanecer durante la observación, pregunte qué es lo que la persona está haciendo y no permita que continúe trabajando mientras ustedes conversan.

3.   Comience conectando con algo positivo

La conversación debe estar pautada en su observación y capturar la percepción de seguridad de la persona. Rompa el hielo durante la charla, refuerce algo positivo sobre el trabajo, la familia, el equipo de fútbol, etc. Otra forma de conectarse con el observado es buscar puntos en común. En verdad, esta es mi preferida.

4.   Escucha activa y curiosa

La cultura de seguridad es un proceso y, por lo tanto, lleva tiempo para ser desarrollada y requiere un esfuerzo colectivo para ser implementada. El primer paso para que una cultura eficiente y sustentable exista, es capturar y entender en profundidad las creencias y valores de la gente dentro de una corporación. No existe otro camino para conseguir comprometer a los funcionarios a no ser con una escucha activa.

Oír es una habilidad fundamental para todo y cualquier líder. Pero no cualquier "oír". Es preciso escuchar activamente, o sea, mostrar que se está interesado en los pensamientos y opiniones de las personas. Es preciso, que todos juntos construyan un sentido de orgullo de pertenecer a la misma organización, una responsabilidad de cuidar, actual y velar por la seguridad.

En una escucha activa, se oye con los oídos y con los ojos, tratando de conectarse con pensamientos, sentimientos, anhelos y creencias. Más que eso, uno suspende los proprios juicios y creencias, uno se despide de los propios pensamientos y anhelos, para realmente involucrarse con los del interlocutor. Se observa sin cabrestos.

Muchos líderes, aún ven tal actitud como una "falta de respeto a la jerarquía". Pero no se trata de no respetarla, sino de desistir de ella. Cuando el líder se propone oír con el fin de medir y recrear determinada cultura vigente, debe olvidar los niveles jerárquicos. La voz de todos del equipo es importante y puede – debe, de verdad – ser oída.

También es importante resaltar que oír en silencio va mucho más allá de darle atención total a alguien; principalmente dentro de las organizaciones; exactamente a causa de la jerarquía, no siempre las personas dicen lo que realmente les gustaría decir. Es necesario prestar atención a muchas otras señales, como el lenguaje corporal, el humor, las expresiones faciales y las tendencias comportamentales, tanto individuales como colectivas.

El oír precisa ser un trabajo de tiempo integral de todo el equipo, sin distinción de cargos. Requiere demostrar interés genuino, estar presente, apostar en mirarse a los ojos y darle prioridad al observado para que hable.

5.   Espejeo

Esta es una técnica importante para crear empatía e identificación. Estudie a la persona durante la conversación y perciba el ritmo de respiración para poder espejear sus expresiones faciales, su tono de voz y las posiciones de su cuerpo, a los de ella. Traiga a la conversación las jergas y el acento que el observado presente. Pero, atención: no lo imite de manera explícita, no actúe como un robot. Y nunca grite, aunque la persona lo haga.

6.   Silencio poderoso

Una de las herramientas básicas en la observación es la fase del silencio, cuando debemos dejar que el trabajador hable y defina cómo y por qué va a comenzar un cambio para un comportamiento más seguro. Es preciso auxiliarlo a identificar qué es lo que le ayudaría a mantenerse alerta para con los riesgos y cómo podría permanecer consciente todo el tiempo, de lo que pudiera acontecer. En general, este silencio tiene como objetivo dar dos o tres segundos entre cada pregunta que el líder hace, abriendo espacio para o inesperado.

7.   Pregunte, pregunte, pregunte

El preguntar parece muy simple y lógico. No obstante, el desafío en esta fase es hacer preguntas poderosas sin juzgar, que hagan que el trabajador reflexione sobre lo que está haciendo y sobre las consecuencias de sus acciones, sin que el encargado lo anticipe. No se trata de hablar sobre si lo que está haciendo es bueno o malo, sino de promover una auto observación.

Las preguntas deben ser direccionadas a desafiar aquello en lo que la persona cree (no va a acontecer conmigo, siempre lo hacemos de esta forma, soy un especialista, estamos atrasados, etc.), y deben ser lo más simples y cortas posible para hacer que la ella reflexione, autoanalice la situación y verbalice lo que está sucediendo.

Algunas sugerencias de preguntas para el abordaje, durante la observación, son:

- 👉 ¿Por qué crees que yo vine aquí para cuidarte?
- 👉 ¡Cuéntame lo que estás haciendo!
- 👉 ¿Qué piensas de esta situación?
- 👉 ¿Por qué estás trabajando de esta forma?
- 👉 ¿Existe una manera más segura de realizar esta actividad?
- 👉 ¿Qué te parece que debemos hacer para volver tu día a día más seguro?
- 👉 ¿Qué es lo que precisas?
- 👉 ¿Por qué trabajarías con más seguridad?
- 👉 ¿A quién dejaste en casa hoy?
- 👉 ¿Cuáles son los sueños que aún quieres realizar?

8. Esté preparado para la diversidad y la inclusión

Usted puede encontrar a alguien con alguna deficiencia, diferentes identidades de género y orientaciones sexuales, lo que no debe impedir conducir la observación comportamental. Incluya a todas las personas y pida ayuda al líder del observado, si es necesario. Nunca pare un abordaje debido a la dificultad de inclusión y no juzgue a la persona observada por sus realidades personales.

9. Refuerce las herramientas actuales

Explique lo que es la observación comportamental y las demás herramientas de reporte de condiciones inseguras, así como las herramientas salvavidas utilizadas por la organización. Nunca reclame sobre a falta de herramientas de seguridad de la empresa ni hable mal del área de seguridad o de su liderazgo.

10. Pregunte sobre otras preocupaciones con seguridad, dé espacio

Chequee si hay alguna situación que incomoda y preocupa al observado por su potencial de riesgo.

11. Firme un compromiso y empodere

Para conseguir un cambio verdadero es preciso que el trabajador defina si está obrando de forma segura o no, y que encuentre un por qué personal para iniciar un proceso de transformación que lo lleve a hacer de la seguridad un estilo de vida, y no solo un procedimiento de conformidad regulador.

En la etapa final de la observación comportamental, el observador debe prestar especial atención para que el trabajador realmente haya realizado un acto de concienciación, que no sienta que fue "tomado de sorpresa" haciendo algo errado o se sienta "reprendido" por su comportamiento. Para ello, es necesario que la persona vea claramente que la forma como estaba ejecutando el trabajo no es la más segura, y la importancia que tiene la seguridad.

Vea algunas sugerencias de compromiso, que usted puede firmar con la persona abordada:

- Cierre un compromiso sobre el asunto tratado en el abordaje para que aquel desvío jamás se repita;

- Invite a la persona para ser un portavoz de la seguridad;

- Incentive al observado para que siempre que encuentre a alguien cometiendo un desvío comportamental, aplique la misma herramienta. En ese momento puede empoderarlo para que practique el cuidado como hábito.

12. Invierta su tiempo genuinamente

Si alguna situación necesita intervención inmediata, haga eso, aunque tenga que rehacer agendas. Muestre su interés en la resolución de la situación de riesgo, acompañe al funcionario hasta que todo esté solucionado. Nunca termine un abordaje dejando que la persona continúe en una situación de riesgo eminente.

13. Reconozca las buenas prácticas

Al identificar una buena práctica y/o si se está haciendo algo correcto, no dude de reconocer la práctica realizada. Vea algunas sugerencias de reconocimiento:

- ¡Felicitaciones por el modo como estás trabajando!

- Te observé trabajando y me sentí inspirado.

- Estoy contento por tener a alguien como tú en nuestro equipo.

14. Agradezca por la atención y por el tiempo

Muestre que el tiempo de la persona abordada es muy importante y agradézcale por haber prestado atención durante algunos minutos. Nunca termine un abordaje sin este agradecimiento.

15. Llene el formulario de observación comportamental

Use el formulario para encuadrar su observación en una de esas categorías de comportamiento inseguro:

☞ Uso de EPP (ausencia del uso, conservación y adecuación);

☞ Procedimiento (incumplimiento, desconocimiento y falta);

☞ Factor humano (fisiológico, cognitivo, psicológico y social).

Jamás llene el formulario durante el abordaje. Debe ser llenado en un local separado. Sabemos que la persona abordaba considera el formulario como una auditoría, algo punitivo. También sabemos que no se audita a las personas, podemos hacer eso con máquinas y equipamientos, pero con las personas, vamos a precisar conversar. A partir de esa conversación podemos reflexionar sobre sus actitudes y construir un nuevo comportamiento y un compromiso con la vida.

16. Respete la confidencialidad

El contenido de la conversación es sigiloso, nunca quiebre esta regla.

17. Mantenga las relaciones construidas

En el caso de encontrar al observado nuevamente en la organización, no hesite saludarlo. A partir de ahora ustedes poseen un vínculo. Si tiene la oportunidad de visitar el área nuevamente, muestre que recuerda a las personas ya observadas.

El poder de la empatía en la observación comportamental

Otro elemento fundamental en la construcción de una cultura de seguridad fuerte y para una observación comportamental eficiente, es la empatía. Empatía para oír y ver activamente, saber interpretar, entender, dar voz, informar, cobrar, responsabilizar.

"Debo actuar con los demás como me gustaría que actuasen conmigo" o "Debo actuar con los demás como a ellos les gustaría que yo actuase". ¿En cuál de estas dos formas debe pensar un líder en seguridad? Sin duda es mucho más eficiente que el líder trate de saber cómo piensa su equipo, cuáles son sus anhelos y sus dilemas para resolver los riesgos y garantir comportamientos seguros. Al final, empatía es colocarse en el lugar del otro y permitirse ver el mundo que el otro está viendo, sentir lo que él está sintiendo, identificar dolores, necesidades y deseos, entre otros aspectos.

La empatía nos permite ver al otro genuinamente, dejando de lado los juicios. Y cuando hablamos de seguridad, ésta es fundamental en la búsqueda de respuestas que den nuevo significado a creencias limitantes y traten de los diferentes gatillos que desencadenan desvíos importantes. Además, la práctica de la empatía trae intencionalidad a un líder, lo hace sensible y más respetuoso hacia el otro. Intencionalidad, cuando hablamos de liderazgo, es una mezcla de intención, cuidado, sensibilidad y acción auténtica.

Para la práctica regular de la empatía dentro de las organizaciones, muchas adoptan un método bautizado Mapa de la Empatía, una metodología que permite conocer más profundamente a un grupo o individuo específicos, ya sean ellos colaboradores, clientes, socios, etc. Creado por el estadounidense Dave Gray, el modelo es una excelente herramienta para que los líderes conozcan mejor a sus equipos y para que los colaboradores conozcan mejor a sus colegas, creando un ambiente con un nivel de empatía cada vez mayor.

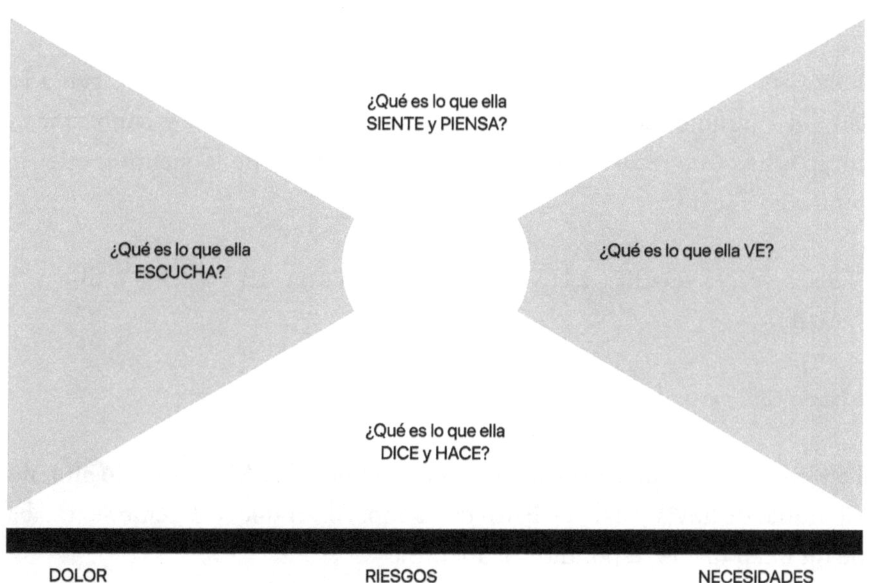

Figura 13: Modelo Mapa de Empatía

En nuestros días de tanta inmediatez, la empatía es un excelente termómetro capaz de mostrar cosas fundamentales, especialmente cuando uno recorre las preguntas del mapa sin conseguir responderlas. Cada vez que eso sucede, lo que no es raro, el líder se ve obligado a mirarse más profundamente a sí mismo como líder, y también adónde ha invertido su tiempo. Muchas veces se da cuenta de que no ser capaz de responder las preguntas del mapa de empatía muestra que es preciso que pase más tiempo con su equipo. Muestra que es necesario desarrollar lazos y abrir camino para que seamos más empáticos.

Y empatía tiene que ver también con aceptar las verdades que surgen a lo largo del camino, en el proceso en el que un líder debe oír y conocer a su equipo. Esto me recuerda la parábola de la verdad y de la mentira, que reproduzco a seguir:

"Cierta vez, la mentira y la verdad se encontraron. La mentira le dijo a la verdad:

- Buen día, verdad.

La verdad fue a conferir si realmente era un buen día. Miró hacia lo alto, no vio nubes de lluvia y había pájaros cantando. Al ver que realmente se trataba de un buen día, le respondió a la mentira:

- Buen día, mentira.

La mentira prosiguió:

- Hace calor hoy.

Y la verdad, viendo que la mentira tenía razón por segunda vez, relajó.

La mentira entonces invitó a la verdad para un baño en el río. Se desvistió, saltó al agua y dijo:

- Ven, verdad, el agua está una delicia.

No bien la verdad, sin sospechar, se sacó la ropa y saltó, la mentira salió del agua, se vistió con la ropa de la verdad y se fue de allí.

La verdad, a su vez, se rehusó a vestirse con los vestidos de la mentira. Y por no tener de qué avergonzarse, salió desnuda a caminar por las calles y villas. Y desde entonces, es por ese evento que, para mucha gente es más fácil aceptar a la mentira vestida de verdad que a la verdad pura y desnuda."

Un líder precisa estar preparado para ver y aceptar las puras verdades. Las mentiras vestidas de verdad no sirven de base para culturas de seguridad fuertes y sustentables.

Vamos juntos a reflexionar sobre uno de mis diálogos favoritos del libro El Principito, de Antoine de Saint-Exupéry:

– Buen día – dijo el zorro.

– Buen día – respondió educadamente el principito, que, mirando a su alrededor, no vio nada.

– Estoy aquí, dijo la voz, debajo del manzanero...

– ¿Quién eres? – preguntó el principito. – Eres bien bonito...

– Soy un zorro – respondió el zorro.

– Ven a jugar conmigo – propuso el principito. – Estoy tan triste...

– Yo no puedo jugar contigo – dijo el zorro. – Aún no me cautivaste.

– ¡Ah, disculpa! – contestó el principito.

Pero, tras reflexionar, acrecentó:

– ¿Qué quiere decir "cautivar"?

– Tú no eres de aquí – observó el zorro. – ¿Qué buscas?

– Busco hombres – dijo el principito. – ¿Qué quiere decir "cautivar"?

– Los hombres – respondió el zorro – tienen fusiles y cazan. ¡Es asustador! Ellos crían gallinas también. Es lo único que hacen de interesante. ¿Tú buscas gallinas?

– No – explicó el príncipe. – Yo busco amigos. ¿Qué quiere decir "cautivar"?

– Es algo casi siempre olvidado. Significa "crear lazos" ...

– ¿Crear lazos?

– Exactamente. Tú no eres nada para mí, a no ser un niño completamente igual a cien mil otros niños. Y yo no tengo necesidad de ti. Y tú tampoco tienes necesidad de mí. No soy, a tus ojos, más que un zorro igual a cien mil otros zorros. Pero, si tú me cautivas, nosotros nos necesitaremos uno al otro. Serás para mí único en el mundo. Yo seré para ti único en el mundo...

– Comienzo a comprender – exclamó el principito. – Existe una flor... Creo que ella me cautivó...

– Es posible – dijo el zorro. – Se ve tanta cosa en la Tierra...

– ¡Oh! No fue en la Tierra.

– ¿En otro planeta?

– ¡Sí!

– ¿Hay cazadores en ese planeta?

– ¡No!

–¡Qué bueno! ¿E gallinas?

– Tampoco.

– Nada es perfecto – suspiró el zorro. – Mi vida es monótona. Yo cazo gallinas y los hombres me cazan. Todas las gallinas se parecen y todos los hombres también. Y eso me incomoda un poco. Pero si tú me cautivas, mi vida será llena de sol. Conoceré un barullo de pasos que será diferente de los otros. Los otros pasos me hacen entrar debajo de la tierra. Los tuyos me llamarán hacia afuera de la guarida como si fuesen música. ¡Y después, mira! ¿Ves, allá a lo lejos, los campos de trigo? Yo no como pan. El trigo para mí no vale nada. Los campos de trigo no me recuerdan nada. ¡Y eso es triste! Pero tú tienes cabellos dorados. Entonces será maravilloso cuando me hayas cautivado. El trigo, que es dorado, hará que yo me acuerde de ti. Y amaré el barullo del viento sobre el trigo... – el zorro se quedó callado y observó durante mucho tiempo al principito. – ¡Por favor, cautívame! – pidió.

– Hasta que me gustaría – dijo el principito. – Pero no tengo mucho tiempo. Tengo que descubrir amigos y muchas cosas para conocer.

– Solo conocemos bien las cosas que cautivamos – aclaró el zorro. – Los hombres no tienen más tiempo para conocer nada. Compran todo ya listo en las tiendas. Pero como no existen tiendas de amigos, los hombres no tienen más amigos. Si tú quieres un amigo, ¡cautívame!

– ¿Qué necesito hacer?

– Es preciso ser paciente. Te sentarás primero un poco lejos de mí, así, en el pasto. Y te miraré de soslayo y tú no dirás nada. El lenguaje es una fuente de malentendidos. Pero, cada día, te sentarás un poco más cerca...

Al día siguiente el principito volvió.

– Habría sido mejor si volvieras a la misma hora – afirmó el zorro. – ¡Si vienes, por ejemplo, a las cuatro de la tarde, desde las tres yo comenzaré a sentirme feliz! ¡Cuánto más se acerque la hora, más me sentiré feliz! A las cuatro, entonces, estaré inquieto y agitado: ¡descubriré el precio de la felicidad! Pero si vienes en cualquier momento, nunca sabré cuándo preparar mi corazón... Es preciso que haya un ritual.

– ¿Qué es un "ritual"? – preguntó el principito.

– Es una cosa también muy olvidada – contestó el zorro. – Es lo que hace que un día sea diferente de los otros días; una hora, de las otras horas. Mis cazadores, por ejemplo, adoran un ritual. Bailan el jueves con las chicas de la aldea. ¡El jueves es entonces un día maravilloso! Voy a pasear hasta el viñedo. ¡Si los cazadores bailasen cualquier día, los días serían todos iguales, y yo nunca tendría vacaciones!

Así el principito cautivó al zorro. Pero, cuando llegó el momento de partir, el zorro exclamó:

– ¡Ah! Voy a llorar.

– La culpa es tuya – apuntó el principito. – Yo no quería hacerte mal; pero tú quisiste que yo te cautivase...

– Sí lo quise.

– ¡Pero tú vas a llorar! – observó.

– Voy a hacerlo – dijo el zorro.

– ¡Entonces no habrás ganado nada!

– Sí, habré ganado – respondió el zorro. – A causa del color del trigo.

Después acrecentó:

– Ve a rever las rosas. Así comprenderás que la tuya es la única en mundo. Volverás para decirme adiós, y yo te regalaré un secreto.

El principito fue a rever las rosas:

– Ustedes no son en absoluto iguales a mi rosa, ustedes todavía no son nada para mí. Nadie aún las cautivó, ni ustedes cautivaron a nadie. Son como era mi zorro. Era un zorro igual a cien mil otros. Pero yo lo convertí en mi amigo. Ahora es el único en el mundo.

Las rosas se quedaron decepcionadas.

– Ustedes son bellas, pero vacías – continuó él. – No se puede morir por ustedes. Cualquier transeúnte que pase por acá, sin duda pensaría que mi rosa se parece a ustedes. Ella solita es, sin embargo, más importante que todas ustedes, pues fue la que yo regué. Fue a ella a quien puse bajo la redoma. Fue en ella que maté las orugas (excepto dos o tres a causa de las mariposas). Fue a ella que escuché quejarse o vanagloriarse, o incluso callarse algunas veces. ¡Pues ella es mi rosa!

Y volvió, entonces, a lo del zorro:

– ¡Adiós! – dijo.

– Adiós. He aquí mi secreto, que es muy simple: solo se lo ve bien con el corazón. Lo esencial es invisible a los ojos. Fue el tiempo que pasaste con tu rosa que la hizo tan importante. Los hombres se olvidaron esta verdad, pero tú no la debes olvidar. Te vuelves eternamente responsable de aquello que cautivas. Tú eres el responsable de tu rosa...

– Yo soy el responsable de mi rosa... – repitió el principito, para no olvidarse.

Un clásico de la literatura; el diálogo resume bien la relación que todo líder debe tener con sus liderados, lo mismo cuando se habla de cultura de seguridad. ¿Cómo sería esta cultura si no hubiera interés mutuo entre el líder y los liderados, o entre el equipo de seguridad propiamente dicho y el resto de la corporación? ¿Cómo es posible esperar un nivel adecuado de seguridad si no hay un mínimo de empatía, admiración, confianza, respeto entre todos, compañerismo y cooperación? Al final, la cultura de seguridad tiene que ver con relaciones.

El otro día leí un dato interesante sobre la importancia del desarrollo de las relaciones en el mundo corporativo. Investigaciones realizadas sobre el comportamiento de los colaboradores en el ambiente de trabajo evidencian, cada vez más, la importante conexión entre la cultura de gestión de una corporación y la experiencia psicológica que cada persona relata tener con el ambiente en el que trabaja. Es un vínculo que no debería pasar desapercibido dentro de las empresas, pero que desafortunadamente aún ocurre. Parece obvio que, cuanto mayor es la identificación de un funcionario con la cultura de la empresa donde trabaja, con lo que sus líderes pregonan y cómo ellos actúan, mayor será su bienestar psicológico. Las personas conectadas y comprometidas con sus trabajos se sienten más felices y satisfechas. Pero, lo obvio no siempre está en el centro de las atenciones.

¿Qué, exactamente, promueve la conexión emocional y la consecuente sensación de bienestar en los miembros de determinado equipo? Un estudio realizado en Dinamarca y publicado en el Journal of Occupational and Environmental Medicine, analizó a 5000 trabajadores y mostró que la mayoría se sentía conectada emocionalmente con sus empleadores, se identificaba con ellos y se decía altamente involucrada con la empresa donde trabajaba. Al analizar la salud de estas personas, se verificó que la mayoría dormía bien y casi no faltaba al trabajo a causa de enfermedades. El estudio concluyó que los funcionarios con una mayor conexión emocional con sus líderes y con el ambiente de trabajo, no solo reportan un alto nivel de bienestar, sino también están más comprometidos con sus colegas y con el trabajo en sí. Y que, con eso, la confianza entre todos crece.

Cierto día, yo estaba realizando una observación junto con un supervisor, en una operación suya, y encontramos a uno de sus funcionarios dentro de una máquina. Ésta, no obstante, no estaba con el Loto. (Lockout Tagout, que asegura que la máquina sea debidamente desconectada durante la manutención o en los cambios de turno). Durante el abordaje a tal hombre, el supervisor le hizo una pregunta que considero extremadamente poderosa dentro del proceso: ¿"Quién te está esperando en casa?". El funcionario rápidamente respondió: ¿"Por qué quiere saber? Trabajamos juntos hace 5 años y nunca me lo preguntó".

El supervisor, tras algunos segundos de constreñimiento, le respondió: "Yo realmente nunca te lo pregunté, solo hoy me di cuenta de esto y me gustaría comenzar a cuidarte mejor. ¿Puedo?".

En aquel instante me pregunté por qué escenas como aquella acontecen tan raramente. Entiendo que la moneda más valiosa que tenemos hoy es nuestro tiempo, pero ningún resultado se sustenta sin las personas. Son ellas, en verdad, el bien más precioso de todo líder y de toda corporación.

La empatía hacia el líder

Para el líder, es fundamental entender la dimensión y la importancia de la empatía. Si sabemos que el líder carga consigo la cultura de seguridad, esta práctica puede ayudarlo a traer constancia y coherencia en la demostración de un compromiso visible con la seguridad.

Además, su ejemplo es poderoso y puede arrastrar a todos los demás a contraer nuevos hábitos. El líder debe apropiarse de esta herramienta y crear un ejército de seguidores dispuestos no solo a mirar hacia los lados, sino también a colocarse en el lugar del otro en busca de respuestas.

En 2017, después de recibir noticias de que la tasa de accidentes en una de sus fábricas estaba arriba del promedio del sector, Elon Musk, el poderoso ejecutivo de Tesla Motors, envió el siguiente e-mail a todos sus colaboradores:

"No hay palabras para expresar cuánto me preocupo por la seguridad y bienestar en Tesla. Parte mi corazón cuando alguien se hiere construyendo autos o intentando dar lo mejor de sí para hacer que Tesla tenga éxito.

Por lo tanto, solicité que todas las lesiones, a partir de hoy, me sean directamente relatadas, sin excepción. Estoy reuniéndome con el equipo de seguridad todas las semanas y me gustaría encontrar a todas las personas lesionadas no bien ellas estén bien, para que yo pueda entender exactamente lo que precisamos hacer para mejorar. Bajaré hasta la línea de producción y ejecutaré la misma tarea que ellas realizan.

Esto es lo que todos los gerentes deben hacer naturalmente. En Tesla, lideramos a partir de la línea de frente, y no desde una torre de marfil segura y cómoda. Por lo tanto, nuestros gerentes siempre deben colocar la seguridad de su equipo por encima de la suya."

Si Elon Musk realmente bajó hasta la línea de producción y se colocó en el lugar de las personas que se accidentaron dentro de su empresa, este es un gran ejemplo de cómo un líder debe actuar. La empatía construye una cultura y una conexión difíciles de quebrar.

La empatía entre colegas o áreas y su aplicación

Durante la convivencia diaria y en las prácticas de los rituales de seguridad, la empatía debe permear todos los niveles del proceso: antes de la observación comportamental, durante las investigaciones de accidentes, en el diseño de proyectos y de las campañas de seguridad...

La empatía es una consecuencia de las relaciones y está fuertemente vinculada a la cultura de la corporación; y precisa ser practicada como un ejercicio rutinario de todo líder.

DE LA TEORÍA A LA PRÁCTICA

Palabras Finales - El Nuevo Normal

Yo estaba en Londres por trabajo, a mil por hora, participando de una certificación más y pensando sobre un texto para cerrar este libro, cuando recibí, dentro de un mensaje, una palabra que me hizo reflexionar: IMPARABLE.

Imparable es aquella persona que nadie es capaz de parar, alguien portador de un propósito que, con claridad y simplicidad, consigue avanzar, ir siempre más allá. El imparable lleva una vida con significado, rompe con el estatus quo y con todo lo que le suena familiar, es el visitante dentro de las conocidas zonas de confort.

Lo que más me desafía a ser imparable, todos los días, es pensar en cómo vive alguien con esta característica: sin reservas, dando lo mejor de sí siempre, sin jugar en el equipo de los mediocres. El imparable no vaguea por ahí lleno de frustraciones o negatividad, nunca habla de aquello que no salió bien o de lo que no es capaz de realizar. El imparable cree.

El deporte está lleno de grandes seres imparables. Uno de ellos, que me sirve de ejemplo hasta hoy, nunca ganó una medalla. En el maratón olímpico de 1968, en la Ciudad de México, el tanzano John-Stephen Akhwari llegó en último lugar, más de una hora después del primer colocado. Entró al estadio tambaleando, con una de las piernas sangrando a causa de una caída en el medio del recorrido. Cuando el público que aún restaba en el local lo avistó, quedó extasiado y lo aplaudió de pie, hasta que consiguió cruzar la línea de llegada. Cuando le preguntaron por qué no había abandonado la prueba, John respondió: "Mi país me envió a México para terminarla". Y, sin excusas, el corredor así lo hizo. Resiliente. Como todo imparable.

Otra historia sobre el tema que me encanta está basada en el ensayo: Lanzador de Estrellas, del autor estadounidense Dr. Loren Eiseley.

"Un joven caminaba por una playa en la cual millares de estrellas del mar habían sido llevadas durante una terrible tempestad. Cada vez que llegaba a una, la tomaba en la mano y la tiraba de vuelta al océano. La gente lo observaba con cierta diversión"

Venía haciendo eso hacía algún tiempo, cuando un hombre se aproximó y le preguntó: 'Joven, ¿por qué estás haciendo esto? Mira a tu alrededor. No puedes salvar a todas estas estrellas del mar. ¡Son muchas!

El joven, sin parecer desanimado, se agachó, tomó otra estrella y la tiró al agua lo más lejos que consiguió. Entonces lo miró al hombre y le respondió: '¡Bueno, conseguí salvar esta más!'.

El viejo lo miró y pensó en lo que había hecho y dicho. Inspirado, se acercó al joven para tirar de vuelta al mar cuantas estrellas consiguiese. Muy pronto otros se juntaron a ellos, y más y más estrellas fueron salvadas."

Ahí está, para mí, el gran valor del imparable. Además de creer, es capaz de inspirar. En la historia de las estrellas, sería normal pensar que no daría para salvar aquella enorme cantidad extendida en la arena. Pero el imparable, con su propósito y resiliencia, es capaz de crear el NUEVO NORMAL.

Vivimos una época repleta de nuevos normales. Récords nuevos, nuevas marcas, nuevos servicios, nuevas maneras de pensar, nuevas tecnologías, nuevos negocios. Son normales que están movidos por propósitos y hay que observar que propósitos no son meras palabras al viento, sino algo que precisa ser abrazado y vivido.

En la era del NUEVO NORMAL, vivimos un nuevo estatus quo, una nueva regla, un nuevo mindset. Y las organizaciones, así como las personas que forman parte de ellas, precisan estar preparadas para este escenario.

Aún encuentro, durante los trabajos que realizo en el área de seguridad, a mucha gente resistente a este NUEVO NORMAL. Algunas personas simplemente no aceptan cambios, no ven valor en un proceso de mejoría continua, no aceptan las buenas ideas de otras personas. Otros se acomodan a causa de la burocracia, creen que es suficiente lo mínimo necesario, entregan exclusivamente lo que se les ha pedido, son incapaces de colaborar.

Están también los que se apegan a experiencias pasadas, sin mirar hacia adelante. Están los negativos, hoy conocidos como haters, para quienes las novedades nunca son bienvenidas. Y existen los inseguros, que no creen en su proprio conocimiento y potencial para vivir el cambio. Se paralizan a causa del miedo, y solo están dispuestos a ver el NUEVO NORMAL si estuvieran el 100% seguros de él.

A todas estas personas espero que este libro les haya servido como combustible o al menos como una chispa rumbo al cambio. ¡Que podamos construir un proceso sólido y sustentable de creación y fortalecimiento de la cultura! Espero que este libro haya presentado información suficiente para eso. Ahora falta el elemento principal: LA VOLUNTAD PERSONAL Y GENUINA DE QUERER SER MEJOR, SIEMPRE.

Un gran abrazo,

Andreza Araújo

Creencias Limitantes

- Siempre fue así, cuando yo llegué ellos ya lo hacían exactamente de esta manera.

- Mi trabajo no tiene riesgos.

- Los peligros y riesgos están en la fábrica, aquí en la oficina no.

- Acá en este departamento nosotros lo hacemos así.

- Todo el mundo lo hace de ese modo.

- Nunca aconteció nada por aquí.

- Los límites de velocidad de esta autopista fueron establecidos hace 20 años.

- Hacer con seguridad cuesta más caro.

- Estamos con prisa, yo precisaba ganar tiempo.

- Acabé de volver de las vacaciones, estoy entrando en calor, calma…

- Paso por esta calle todos los días.

- Este procedimiento nadie lo conoce, solo existe donde están los jefes.

- El personal de la seguridad no está aquí ahora.

- Si no lo hacemos vamos a perder a nuestros clientes.

- Yo pensé que alguien lo chequeaba antes.

- Alguien debe estar cuidando esto.

- Descubrí una forma de hacer esta actividad más rápido.

- Siempre fue así, cuando hacemos esta actividad podemos saltear estas etapas.

- Todo listo para que ganemos tiempo.

- ¡Ah, solo lo hacemos así cuando tenemos auditoría!

- Yo conozco este camino con los ojos cerrados.

- ¿Sabes cuánto tiempo hace que yo hago eso?

- ¿Sabes cuánto tiempo hace que yo trabajo aquí?

- Ya vi de todo acá.

- Si hay que olvidar este procedimiento y hacerlo con seguridad, va a demorar más.

- Hicimos un ajuste técnico aquí y ahora está más rápido.

- Creo que si fuese inseguro alguien ya lo habría dicho.

- En este departamento nosotros decidimos hacerlo así.

- La legislación es muy exagerada.

- Esta fábrica es muy antigua, por eso no conseguimos definir y aplicar los procedimientos de seguridad.

- Estos equipamientos son muy fuertes, creo que podemos extender y atrasar un poco la manutención preventiva.

- Este tipo es un exfuncionario, conoce todo por aquí y está muy comprometido con nosotros (confiable).

- ¡Puede dar marcha atrás, aquí no se para nunca!

- ¡No pare en el semáforo, es muy peligroso! ¡Acelere!

- Conozco todas las fallas de este equipamiento.

- No me acuerdo del contenido del último DDS.

- Aprovechamos la reunión del comité de seguridad para hablar de las vacaciones del equipo de segunda.

- Estamos hace 500 días sin accidentes con alejamiento.

- Todos conocen las reglas de oro, me parece muy repetitivo usar ese contenido, ya está ultrapasado.

- No estamos encontrando la oportunidad de mejorar en nuestras observaciones de comportamiento. Solamente estamos haciendo refuerzo positivo.

- Yo visité la fábrica hoy y no estoy viendo ninguna oportunidad para mejoría de seguridad.

- Estoy sintiendo una falsa sensación de seguridad.

- No veo la necesidad de repetir este entrenamiento este año.

- Ya conocemos nuestras tareas.

- Casi no hay accidentes aquí.

- ✔ Cumplimos con todas nuestras metas de seguridad.

- ✔ Creo que ya alcanzamos un nivel de excelencia en seguridad.

- ✔ Este trabajo es tan simple que cualquiera lo puede hacer.

- ✔ Los peligros y riesgos están en la fábrica, aquí en la oficina no acontece nada.

- ✔ En mi trabajo no hay riesgos.

- ✔ ¿Y si sucediese? ¡Para con eso! Esto está súper controlado. Habla con el tipo de la seguridad y confírmalo.

- ✔ Este trabajo es tan importante que, para que quede más seguro, le estamos pidiendo al área de la seguridad que lo acompañe.

- ✔ Las liberaciones de servicios rutinarios las puedo hacer y firmar yo desde mi sala mismo.

- ✔ Funcionario entrenado es funcionario habilitado.

- ✔ Si no se pudiese pasar, esta área estaría cerrada y/o parcialmente intermitida.

CULTURA DE SEGURIDAD

Assessment del Liderazgo

Lo que dice el Alto Liderazgo sobre Seguridad

Asunto	Patológico	Reactivo	Calculista/ Burocrático	Proactivo	Sustentable
Hablar & Hacer	1- Acepto que es posible que acontezcan algunos accidentes y que hacer con seguridad algunas veces es imposible.	2- Cumplir las metas de seguridad es importante para conseguir el bonus. Si hay que entregar un resultado, yo negocio la seguridad.	1- Es más importante decir que la seguridad es importante que hacer con Seguridad. 2 - Yo cumplo con algún procedimiento de seguridad.	1- Hago visitas con foco en Seguridad, me siento orgulloso de los resultados que alcanzamos en los últimos años. Mi meta personal es que alcancemos la excelencia en Seguridad.	1- Me siento incómodo cuando me sorprenden con nuevas demandas de Seguridad. 2- Mi deseo es influenciar a la sociedad con muestras prácticas. 3- Quiero desafiar a las personas constantemente para que no cuenten con la suerte.
Atributos del Liderazgo	1-Tras un accidente lo importante es encontrar un culpable y garantizar que no pudo evitarse. Los funcionarios precisan sentirse cómodos realizando las tareas de la manera que aprendieron.	1- Soy severo en la aplicación de la política de disciplina Progresiva, sin embargo, creo que no se debe usar para el liderazgo, y también creo que no precisamos demitir a alguien que quiebra una regla de Seguridad.	1- Veo tantas campañas de Seguridad, que no entiendo por qué los accidentes continúan aconteciendo 2- Las personas me dicen que lo están haciendo con seguridad.	1- yo cuestiono los planes de acción y de cierre de las investigaciones. Confío que mi equipo está evolucionando en la búsqueda de excelencia en Seguridad.	1- Todos pueden hablar conmigo abiertamente sobre Seguridad. 2- Mi papel es darle soporte a mi equipo para que trabajen con Seguridad siempre, y comparto constantemente mi visión de Seguridad con toda la organización y sus familias. Procuro construir una coalición de Seguridad.

Asunto	Patológico	Reactivo	Calculista/ Burocrático	Proactivo	Sustentable
Toma de Decisión	1- Mi prioridad es garantir los resultados financieros de la organización. Seguridad es responsabilidad de cada uno.	1- Mi organización se esfuerza para evitar pérdidas y daños en Seguridad. Veo con buenos ojos la clasificación de accidentes. Mis visitas reflejan los problemas serios que tenemos que resolver en Seguridad.	1- Procuro demostrar mi descontento con malos resultados en Seguridad, siempre tengo un mensaje actual sobre el tema. Eso es todo lo que puedo hacer.	1- Procuro alcanzar la excelencia en Seguridad entre mis pares. 2- Valoro compartir Lecciones aprendidas, eso irriga mis conocimientos. Personalmente Seguridad significa cuidado.	1- Yo resisto en otorgar concesiones en mi toma de decisión en Seguridad. 2- No permito que los proyectos sean concebidos sin la participación de la Seguridad.
Conocimiento	1-Creo que mi papel es decirles a las personas que usen los EPP's que les entregamos y que trabajen con Seguridad. 2-El discurso y los planes del área de Seguridad no atraen. 3- Aún precisamos ocultar algunos temas, pues la legislación brasileña es muy exagerada.	1-Creo que el área de Seguridad debe tomar cuenta de los temas de Seguridad. 2- Ellos deben presentar y conducir el tema aquí en nuestra empresa. Un tema muy técnico.	1-Es importante alcanzar todas las certificaciones en Seguridad. 2- Importante es mantener cero accidentes con alejamiento y ampliar los récords de días, me parece bien.	1- Siempre me involucro en las investigaciones de ocurrencias para garantir que vamos a llegar a la causa raíz. El éxito de Seguridad son los indicadores de la base de la pirámide. comprometo mi operación en la búsqueda de desvíos y casi accidentes. Admito que tengo mucho que aprender.	1- Aprecio aprender sobre Seguridad. Refuerzo la importancia de una base de datos transparente, donde todas las ocurrencias son reportadas e investigadas. Desafío a las personas a no sentir una falsa sensación de Seguridad y garantir que todos puedan identificar desvíos y condiciones inseguras.

Bibliografía

LIBROS

ARAUJO, Andreza. **Faça a Diferença**: Seja Líder em Saúde e Segurança. Nelpa, 2014.

ARAUJO, Andreza. **Guia Prático da Liderança pela Segurança**. Nelpa, 2014.

ARAUJO, Giovanni M. de. **Elementos do Sistema de Gestão de SMSQRS** - Teoria da Vulnerabilidade. Gerenciamento Verde Editora, 2009. v. 1.

COOPER, Dominic. **Improving Safety Culture**: a Practical Guide. Wiley, 1997.

GOLDSMITH, Marshall. **O Efeito Gatilho**: Como Disparar as Mudanças de Comportamento que Levam ao Sucesso nos Negócios e na Vida. Companhia Editora Nacional, 2017.

HOLANDA, Sérgio Buarque de. **Raízes do Brasil**. Companhia das Letras, 2015.

KAHNEMAN, D., SLOVIC, P., TVERSKY, A. **Judgment Under Uncertainty**: Heuristics and Biases. Cambridge University Press, 1982.

REASON, James. **Managing the Risks of Organizational Accidents**. Routledge, 1997.

ROACH, Marie S. **The human act of caring**: a blueprint of the health professions. Canadian Hospital Association, 1993.

SAINT-EXUPÉRY, Antoine de. **O Pequeno Príncipe.** Gallimard, 1943.

SHAKAROV, Andrei. **Memoirs**. Random House Value Publishing, 1995.

ARTÍCULOS

GULDENMUND, F. W. **The Nature of Safety Culture**: A Review of Theory and Research. Safety Science Group, Elsevier, 2000. Disponible en: www.sciencedirect.com/science/article/pii/S092575350000014X?via%-3Dihub

JICK, T. D. **Mixing Qualitative and Quantitative Methods**: Triangulation in Action. Administrative Science Quarterly, 1979. Disponible en: www.jstor.org/stable/2392366?origin=crossref&seq=1#page_scan_tab_contents

KAPITZA, Sergei P. **Lessons of Chernobyl**: The Cultural Causes of the Meltdown. Disponible en: www.foreignaffairs.com/articles/russian-federation/1993-06-01/lessons-chernobyl-cultural-causes-meltdown

First edition Portuguese (November 2019)

Second edition in English (June 2022)